渡过 3

治愈的力量

张进 著

中国工人出版社

我这十年——《渡过》系列再版序言

张　进

光阴倏忽。转眼间，《渡过 1：抑郁症治愈笔记》（下文简称“《渡过 1》”）出版已经七年，我的人生也为之改写。这次中国工人出版社打算把《渡过》系列三卷整体修订再版，嘱我写序，我得以重新审视过往的岁月。

（一）

从 2011 年到 2021 年，是我人生最跌宕起伏的十年。

先是一场不宣而至的抑郁，在七个月时间里彻底摧垮了我，那是我人生的最低谷；尔后，没有任何过渡，突如其来的转相，带给我全新的生命体验，激发了我的活力和创造力。幸运的是，我没有像很多抑友那样陷入一轮轮躁郁循环，而是渐趋稳定（我后来称之为“软着陆”），并成就了“渡过”的事业。回望过去，我总有一种无法言说的感慨。这十年的命运，哪些掌握在上苍手里，哪些是由我自己安排，不得而知。

唯有感恩。

是的，感恩。“渡过”的事业其实很艰难，我能坚持不懈做到现在，多半是因为我怀有感恩的心态。

2015年8月，《渡过1》出版，当即获得意想不到的成功。但今日重读，我已经无法想象，自己怎么在短短三年内，从对精神健康领域一无所知，到洋洋洒洒写出这本书。重要的还不是内容，而是写作的姿态：那样的胆大妄为，那样的不由分说，那样的舍我其谁——以十年的跨度看，我不得不承认，《渡过1》带有轻躁的色彩。

幸运的是，即使以今天的标准看，这本书的内容，包括其中很多断言，都没有大错。这可能归功于我20多年新闻职业生涯的训练，使我对新事物有一种直觉感受能力和整体把握能力。

比如，2015年的我，并未听说过现代医疗模式，但全书的结构——“他渡”（医疗）、“自渡”（心理）、“渡人”（社会）——却和现代医疗模式的“生物、心理、社会”完全吻合。冥冥之中感觉手中的笔不是掌握在我自己手中，而是一种命定。

但毕竟，囿于个人体验的局限，《渡过1》对抑郁的认知是不完备的。比如，过于推崇药物治疗，对心理治疗的论证则很粗浅，对社会支持的理解还很朦胧；很多观点缺乏论证，激情有余，理性不足。

《渡过2：接纳是最好的治愈》（下文简称“《渡过2》”）则是阶段性的产物。2016年，挟《渡过1》成功之势，我创办了

“渡过”公众号，半年内如井喷般积攒了一批文章，在此基础上编辑出版了《渡过2》。纵向来看，《渡过2》的意义，是促使我从药物转向心理，这从副标题已经可以体现——接纳是最好的治愈。

时光之水流到了2017年。继《渡过2》之后，我对抑郁的认知从心理层面进入社会层面。我清楚地记得，2017年除夕，我在灯下给“渡过”公众号写新年献词。我想到：在“渡过”社群，我结识了许许多多抑郁症患者，由于病耻感的存在，主流社会对他们的了解是扭曲和变形的，充斥着各种似是而非的想象。抑郁症患者的真实面貌，他们和自身性格，和家庭、社会、时代的复杂关系，从未被揭晓。

那么，如何更准确、更深刻地理解抑郁症？结合往日新闻工作经验，我萌生一个愿望：以“渡过”公众号为依托，去全国各地寻访有代表性的患者，参与他们的生活，和他们一起动态地研究抑郁症成因，总结应对抑郁症的成败得失，以此为当代中国的抑郁症现象，提供一个真实、完整的解释。

由此，2017年4月，我决定放弃新闻职业，漫游全国，采写《渡过3：治愈的力量》（下文简称“《渡过3》”）——这个决定，是否仍然带有轻躁的成分？不得而知。我能判断的是，在《渡过3》采写过程中，我渐渐回归理性。只是和《渡过1》相比，《渡过3》非常艰难，其间至少有三次打算放弃，只因不能回头，才咬牙坚持下来。

现在看，《渡过3》对我的价值是：其一，采访和写作历时一年，其间我对抑郁症形成了较为完整和独特的认知框架，这是我此后一切作为的指导思想；其二，《渡过3》为“渡过”的事业准备了队伍。从传播知识到解决实际问题，首先需要人，“渡过”的第一批骨干，很多都出自《渡过3》采写过程。

从这个意义上说，《渡过3》不仅是一本书，还是一个路标，一幅路线图。

（二）

十年前，我从重度抑郁中挣扎而出，出于对未知世界的好奇，一步步走上了研究和传播精神科学的漫漫长途。于我而言，这是一片神奇莫测的彼岸彼土，有绮丽的风景，有无穷的可能性；复杂深邃，变幻无穷。

十年来，对于抑郁的认知，我经历了一个螺旋式上升的历程。肯定、否定、否定之否定……这是一场思想的盛宴，散魂而荡目，迷不知其所之。

纵向看，我的观点是不断变化的。我曾经是坚定的“科学”派，认为只要吃药，抑郁症就一定能治好；再往后，我看到了心理治疗的作用，也发现离不开社会支持和个人的努力，包括世界观、价值观和人生观的提升。

故此，利用这次再版《渡过》系列的机会，我集中梳理一下我的核心观点，构成一个逻辑闭环，作为对《渡过》系列的补正。

一、抑郁是一连串事件的结果，要以“生物—心理—社会”

现代医疗模式作为应对抑郁的方法论。

抑郁不是简单的心理问题，也不是单一的躯体疾病，而是生物、心理、社会三方面因素在漫长的岁月里共同作用的结果。因此，当我们研究精神现象，或面对具体案例时，需要形成“四维坐标”——竖轴，分别是生物、心理、社会；横轴，是时间。有了这个坐标系，我们就能迅速、准确地定位抑郁，在一个时间跨度内，从“生物—心理—社会”三个方面寻找病因，分析内外环境，从而制定整体疗愈思路。

二、抑郁的本质是人体对于耗竭的消极自我调整，是对人体的警讯和自我保护。

“抑郁”两字重在“抑”而不是“郁”。“郁”是“郁闷”，“抑”则是“抑制”，是身心功能全面低下导致的失能状态。抑郁的原因千差万别，根本因素是能量耗竭。人的生命能量是恒定的，当一个人过度操劳，透支生命，体力、精力逐渐流失，人体便启动神经递质调节机制，阻断快感，抑制部分功能，强行减少活动，节约能量，让人休养生息。

从这个意义看，抑郁并非灾难，而是大自然主宰的物种延续进化出的生存策略，是对人的警讯和保护。它不仅是一个疾病现象，还是一个生命现象、社会现象和文化现象，是人类整体生活方式的问题。应对抑郁，需要采取药物、心理、运动、社会支持、价值实现等各种方法，对自己做全方位的调整和升级。

三、抑郁是一种具有自限性特征的疾病，可以自行缓解，对于康复要有信心，同时又要有耐心并积极治疗。

所谓“自限性”，是指疾病发生发展到一定程度，靠机体调节控制病情发展，病程自动停止，逐渐好转。最常见的自限性疾病是感冒，因此有人把抑郁症称为“心灵感冒”。由于抑郁症的背后是能量的消长，它也就如同感冒一样具有自限性特征，可以自行缓解，并不一定越来越重，而是时起时伏，周期发作，循环往复。不必担心抑郁症会变成重性精神疾病，或给人带来不可逆的器质性损害。

因此，我们需要保持信心，坚信抑郁一定能治好；同时又要保持耐心，要采取药物、心理、运动等各种方法积极治疗，而不能消极等待自愈。

四、抑郁症个体差异很大，没有最好的治疗方式，只有最合适的治疗方式。

在全球范围内，抑郁症的机理尚不明确。不同个体病因不同，症状不同，对治疗的反应不同，预后也不同。每个患者都是独特的，不存在一个“放之四海而皆准”的标准化治疗方案。不能寄希望于某种灵丹妙药，而要从“生物—心理—社会”三个方向通盘考虑；这三个方向的治疗方案如何组合，也要结合患者的个体差异，随时调整。这是一个试错的过程，最重要的是耐心和信心。无论医生还是患者，都要以包容的、开放的心态，寻找最合适的治疗方式；而适合自己的，才是最好的。

五、抑郁症是一个谱系障碍，病与非病没有明显的分界线。

抑郁症不是一种病，而是一类病，是对多种症状的统称。其临床表现千变万化，但如果抽象概括，它们又具有共同或相似的症状，呈现渐变的特征——这正是光谱的特性。

彩虹由七色光谱组成，但仔细观察会发现，这光谱中还有无数种颜色，在赤橙黄绿青蓝紫之间细微过渡，最终才成就七色光谱梦幻般的绚丽多彩。由此抑郁症可以视为一个谱系障碍，每一个人都在这个精神健康谱系的不同位置上，处于不同的发展阶段。因此，对于抑郁症，不必过于在意诊断（这往往是多变的），而需要根据症状制定多维度和个性化的治疗方案，并选择恰当的干预时机。同时也应该懂得，抑郁没有分水岭，病与非病没有明确的分界线，应该打消病耻感，保持自我觉察，未雨绸缪，努力让自己处于良好的生命状态。

六、药物治疗是抑郁疗愈首选项，心理治疗是必选项。

在目前各种抑郁疗愈方案中，药物治疗是基础。它绕过病因，以消除症状为目标，是对抑郁直接、快速、硬性的矫正，并为心理治疗等其他疗愈方式赢得时间和空间。很多人对药物治疗有疑虑，觉得药物治疗有副作用，见效慢，治标不治本，容易复发。但无论如何，药物治疗有循证依据，可操作、可复制、可验证、可重现，是相对最可把握的选择。

心理治疗则是另一个有效路径，其原理是通过调整来访者心态，消除内心冲突，改善神经过程，减少自我消耗和自我攻击，从而保护和补充生命能量，获得根本疗愈。由此看，心理治疗应用范围广，涵盖整个病程的所有治疗阶段，是治疗抑郁症的必选项。但心理治疗成本较高，有着严格的限定条件。心理治疗的本质是自我疗愈，如果下决心做心理治疗，就要学习心理学原理，找到自己的刺激点，明确要解决什么问题，然后谨慎评估自己的条件，找到相匹配的咨询师并积极配合治疗。

需要特别说明：药物治疗和心理治疗是不排斥的，完全可以同步进行，或交替进行。

七、社会支持是药物治疗和心理治疗的组成部分。

人是社会性动物，是环境的产物。人的一生，其生理和心理状态时刻受到环境和压力的影响。从病因看，和环境毫无关系的抑郁几乎不存在；从治疗看，抑郁康复和环境也息息相关。如果没有一个友好的支持性环境，患者千辛万苦取得的疗愈成果就会毁于一旦。因此，无论药物治疗还是心理治疗，都必须同步社会环境支持，就像人不能离开空气、鱼不能离开水一样，不可分割，不可或缺。

八、应对抑郁症，根本在自救。

和躯体疾病相比，精神疾病的疗愈更依赖于个体努力。如果一位患者选择药物治疗，则要遵从医嘱，"足量足疗程"，不要轻易减药、停药；如果选择心理治疗，就需要有足够的勇气来直面内心深处的黑暗和阴影，不断发现自己、创造自己，并要反复练习，才能改变认知和行为模式。因此，行动是抑郁疗愈不可缺失的环节，良好的心态、健全的认知行为结构、成熟的防御机制、强大的抗挫折能力，都需要在行动中逐渐获得。正是在这个意义上，抑郁症疗愈的本质是自救。

九、最深刻的疗愈是人的整体提升。

精神障碍的本质是冲突。与环境冲突，与社会冲突，与自我冲突。人最高的境界是内心的平静和满足，其要义是与自己和解，以审美的态度看待世界，以及自我价值的实现。因此，药物和心理治疗都是“术”，而价值重建、自我实现才是“道”。通俗地说，抑郁的彻底康复，是两句话，“努力做一个高尚的人”“努力做一点有价值的事情”。

最后做一个总体概括：

抑郁的根本特征是人体机能抑制，其原因是身心俱疲导致能量耗竭。因此，抑郁的本质是人体对于耗竭的消极自我调整，积极的办法是从生物、心理、社会三方面补充能量、节约能量和恰当使用能量，根本路径则是生活方式调整和人的整体境界提升。基于此，“渡过”的指导思想和使命是：以自身能力为约束，以敬畏之心设边界，紧贴社会需求，构建第三系统，践行陪伴者计划，打造生态疗愈模式，探寻完全、实用、个性化、有温度的中国特色心理健康之路。

（三）

以上，是我继《渡过》系列之后，于2019年最终形成的抑郁整体认知框架。这是一条“实践—理论—实践”的螺旋式上升之路，“渡过”的理论基础由此确立，并指引“渡过”的事业走过了科普和社群互助两个阶段，进入解决问题阶段。

相较于前两个阶段，寻找抑郁解决方案阶段有质的不同，从此“渡过”走进了一个凶险莫测的领域，这对我们又有巨大的诱惑——价值实现。这不是终点，因为对人类精神世界的探索是无止境的，将来我如果有新的思考，还会随时更新。

意大利历史学家克罗齐说：“一切历史都是当代史。”今日回顾，从《渡过1》到《渡过3》，我能清晰地看到我个人的思想演变和时代的痕迹。我曾自问：《渡过1》已经属于历史，是否还有再版的必要？很多友人给了我肯定的答复，他们说：你成长道路上的每一步，都是有价值的；历史会不断重演，不同的人自然会从你的历史真实中获得自己需要的东西。

巧合的是，2019年，我完成“抑郁完整认知框架”系列后，颇为自得，却有一位读者在文后留言说：“作者痊愈日久，对抑郁症已没有当初的直接感受，写的文章开始脱离患者实际，开始显得高大上、大而全，反而没有《渡过1》那样能直达患者心灵。”——这个评价让我既愧且喜。

故此，我也很愿意再版《渡过》系列，除去对个别硬伤作必要的修正，不做大幅增删，为的是保持原文风格，让今天的读者能够看到当年真实的我，真实的心路历程。

十年回首，从人生最低谷，到转相，到高点飘移，再到软着陆，这是一条艰险之路，容不得半点闪失。这条路如何一路走来？最终通向哪里？仍需继续探究，并以未来时日检验。

最后用《基督山伯爵》中的一句话与读者共勉：“直至上帝

向人类揭示其未来计划之日，人类的全部智慧都集中在这两个词之中——等待和希望。”

张进

2022年1月

序言

召唤的声音

（一）

2017 年除夕，万家团聚的时刻，我在灯下给“渡过”公众号写新年献词。窗外无边的夜，零零星星的鞭炮的闷响，烟花的光破窗而入，屋里闪烁微明。我停下笔，关了灯，沉浸在黑暗里。然后我把这些年的事情连在一起想了一遍。

六年前，我从重度抑郁中挣扎而出，出于对未知世界的好奇，一步步走上了研究和传播精神科学的漫漫长途。六年间陆陆续续做了两件事：一是出版了《渡过 1：抑郁症治愈笔记》和《渡过 2：接纳是最好的治愈》；二是创办了精神健康公众号，名字也叫“渡过”。我在公众号简介里说，我的想法是，“联合患者、家属、精神科医生、心理咨询师，共同打造一个精神疾病患者的互助康复社区，真实原创，知行合一，自渡渡人”。

在精神健康领域耕耘六年，我有了两大收获：

其一，通过学习和实践，我对精神疾病尤其是抑郁症有了一个完整的认识框架。我不断产生新的想法，其中很多是独特的，是属于我自己的发现和体验。

其二，在主办“渡过”公众号的过程中，我结识了一大批患者。他们信任我，愿意和我交流，成为我的作者。“渡过”公众号在抑郁症科普方面有所贡献，他们功不可没。

接下来怎么做？我想到，近几年，越来越多的人加入抑郁症科普的行列，这一块已经不需要我再做什么了；我应该把病耻感调整为主攻方向。

当今社会，精神疾病的病耻感依然根深蒂固。很多患者得了病，不敢告诉别人，不能大大方方求治，耽误了病情。原因在于，主流社会对于抑郁症的认知仍是扭曲的，很多关于抑郁症的报道，只是隔靴搔痒，一知半解，充斥着各种似是而非的想象。可以说，抑郁症患者的真实面貌，他们和自身性格，和家庭、社会、时代的复杂关系，从未被揭晓。

那么，如何更准确、更深刻地理解抑郁症？我想出一句话：抑郁症是一个人生理关系、社会关系和时间关系的总和。

什么意思？简单概括一下：抑郁症从来不是单一的病症，也不是个体一时的产物，而是“生物—心理—社会”三方面共同作用的结果，是在时间流中逐渐形成的。对于抑郁症患者，应该把他置入其所处的社会关系中（包括家庭、环境、时代变迁），做动态的、历史的考察，才能理解疾病、理解患者。就事论事、见病不见人，不可能真切理解并抵抗抑郁症。

上述想法，我现在叙述用了好几个段落，但在当时，却如同电闪雷鸣，一瞬间让我豁然开朗：我应该以“渡过”公众号为依托，去全国各地寻访有代表性的患者，进入他们的生活环境，描述他们的人生境遇，以及他们的社会关系对其疾病和命运的影响。

也就是说，我要参与他们的生活，和他们一起动态地研究抑郁症成因，总结对抗抑郁的成败得失，以此为当代中国的抑郁症现象，提供一个真实、完整的解释。

我记得，写完公众号的新年献词后，我把这些想法随手记了下来，后来就成为这本书的最初思路。

（二）

在后来很多天里，这个想法让我振奋。我和很多朋友谈及此事，无一例外得到鼓励和支持。前同事赵晗说：“你做这件事得天独厚，社会需要，意义重大，而且只有你能做。”

但是，想法如果仅仅停留在脑海里是没有意义的。这个世界从来不缺想法，缺的是对常识的身体力行。从想法到行动，需要克服很多困难，尤其是心理上的阻碍。因为这是一个浩大的工程，需要集中精力，无法用业余时间完成。甚至，更长远来说，要改变自己的职业方向，要在现有工作和未来事业之间做出取舍；要放弃很多现有的东西，比如，职位和收入。

当然有过犹豫。但最后我还是决定，追随自己的内心，去做自己认为有价值、喜欢做、有能力做的事情。

2017年4月13日，我开启了采访之旅。

我的这个选择在同行中曾引起小小的轰动。这些年，新闻行业不景气，很多人离去。有朋友以为，我也对新闻失去信心，改行了。

其实，我不但没有改行，反而是更深地专注于此。何以然？首先，我做的这个事情，本身就是记者职责所在——记录。我给自己设定的第一任务是：基于对中国精神健康问题的理解，用我的寻访，为转型期中国精神健康事业发生的变化做一个记录，为时代留一份笔记。

其次，要记录这个变化，我需要做更多的职业努力，乃至改变自己的工作方式。对我个人来说，是实现了新闻的回归。

我从事新闻工作30年了。前十几年当记者，后来当编辑，主要精力用于带记者，很少去新闻一线采访。这次写这本书，是我一个人干，无人可带。也就是说，从业30年后，我重新回到了新闻一线。

最初也有些不适应。当领导当惯了，第一次出门，很多事情都是陌生的。要自己联系采访，自己订车票，自己订宾馆，还要自己整理录音（这些以前都是我手下的记者替我干，在此致谢）。不过，一两次之后，就习惯了，找回了十几年前当记者的感觉。

当然这只是浅层次的。真正有意义的变化是：因为任务单一，没有时限，我得以如最初设想的那样，“进入采访对象的生活中”。每到一地，我会和采访对象一起待几天，甚至住到他们家里，朝夕相处。我提出要采访家人、走访故乡等要求，他们大都爽快地答应了。

这大概就是新闻教材里所说的“体验式采访”，有时会有意外的收获。比如，在贵州采访墨清，他开车带我回他老家，两天接触后，他突然提出：“我想邀请你跟我去一个地方，不知道你愿不愿意？”

哪有记者拒绝采访的？我立刻答应，问去什么地方。原来是墓地。我很高兴，这意味着他对我完全信任了。我们花了一个下午，在往返的车上、在墓地，谈了很多东西，这是我事先没有料到的。

又一次，在内蒙古，我随凌寒去医院复诊。看完病，在宾馆吃饭的时候，她指着窗外若有所思地说：“当年，我也是坐在这个位置上，看着窗外这个楼。那时这楼正在盖，还没这么高，我就想，这楼不够高，跳下去也完不了啊……”这些采访，非身临其境是不可能做到的。

还有一次，在湖北，我的采访对象对我说，晚上忙，要不去工地上一边吃饭一边谈？我求之不得。到了工地，他没介绍我是记者，也没人管我。我不多问，只是观察、倾听，所看到的是他的立体的生活，远远超出了我要了解的抑郁症范畴。

采访身临其境，时间和情绪的投入必然带来感情的回报。我当记者十几年，回过头看，与采访对象保持联系的很少。说得刻薄一点儿，对他们只是索取；而他们看我，也只是一个匆匆过客。

这次不一样。半年里几十个采访对象，他们的家门对我敞开了。他们腾出最好的房间，换上新的床单，给我充分的信任。也许一开始还有所保留，但很快就无话不说；讨论的话题超越了疾病，甚至延伸到个人情绪、家庭关系、职业困惑等。

这些都不是白费的。如前所述，抑郁症从来都是时代和社会的产物。通过采访，我看到了中国社会的方方面面——农村、企业、教育、医疗、乡村社会转型等。我希望，现在和将来，我所写出的文章，记录的不仅仅是抑郁症，同时也是当代中国社会的一个缩影。

（三）

以上所说，都是我从采访对象那里有所收获。与此同时，我也在用我的能力为采访对象提供帮助，这于我同样是有意义的。

行程中我发现一个现象：我的采访对象可以分成两类，一类是我寻访的；另一类是主动来找我的。后者几乎都来自偏远的二三线城市、乡镇、农村。

我后来想明白了道理：这和中国各地的发达程度以及精神健康医疗水平相关。有数据表明，中国精神健康治疗整体水平很低，县一级的精神机构设置较差，三分之一的县缺乏精神治疗服务，有的县甚至连一个精神科医生都没有。这些地方的读者和患者，发现可以联系到我，自然希望获得帮助。

因此，到了他们家，我增加了一项任务：传播精神健康知识；帮他们拿主意，想办法。

比如，本书中的凌寒，患病30年，一直不知道自己得的是什么病。直到有一天，她家一位亲戚把我所著的《渡过1》寄给她。她和丈夫用一夜时间看完，第二天做出决定：到当地的地区级城市看病。

她告诉我，看完我的书，她哭了。她第一次知道，世界上还有人和她是一样的病，而且这个病可以治疗，还能治好！从此，她走上了正规治疗的路途。

后来，她和我断断续续有联系，得知我的采访计划后，希望我去看她。她告诉我，她情况不稳定，等待我的到来。我只好修改采访计划，提前西北之行。到了她家，我详细询问了她的患病始末和治疗情况，走访了她的医生，共同制订完整的康复计划。现在，她几乎每天都会向我汇报“四管齐下”的康复成绩。

在重庆，我访问了一大家子，好几口人患病，全家共买了4本《渡过1》，还成立了一个微信读书群，叫“学习路上我们手牵手”。这让我受宠若惊。现在，这家人最小的患病的孩子，成了我的作者。

还有一位妈妈，从公众号上获悉我的行踪，联系上我，希望我就近看一看她的儿子。她说，儿子本来品学兼优，今年寒假后突然拒绝上学，疯狂玩电脑手机，除了上厕所基本不出屋。两个多月了，昼夜颠倒，一天两顿饭。不和父母交流，不信任何人。

见她忧心如焚，我改变行程，中途下车，去了她家，和孩子艰难地谈了一个多小时。当天晚上，孩子走出自己的房间，全家人一起吃了一顿晚饭。临别前，我和孩子爸妈商量了应对办法。我劝他们不要慌乱，不要急于让孩子上学；先恢复亲子关系，让孩子凝固的情绪流动起来，同时综合求治。现在孩子妈妈仍然和我保持联系，孩子也在一天天发生变化。

采访过程中，我同步在“渡过”公众号上发表“采访札记”，很多读者得以关注我的行踪，甚至希望参与。一位前同事要求我带她一同采访；一位父亲请求我让他患病的儿子随行疗愈；一位读者提出如果我去他的家乡，他可以赶回家打前站……尽管我没有答应，但他们的信任让我感动。

我隐隐觉得，我的行动获得了某种追随。这个选题的特性，决定了我寻访的人大多是中低层百姓。囿于环境的限制，他们平日很难有机会近距离接触不同层次的文化。因此，我的到访，在某种程度上也是一种价值和文化的传播。这是我感受到的另一重意义。

（四）

再说一下本书的体例。

最初，我的想法是写一本全面解读中国抑郁现象的书，注重系统性和专业性。这个想法大概在一个月后被搁置了。原因是，我采访到的很多人，经历丰富而完整，如果我把他们的故事切割、打散，糅入一本书中，我会觉得对不起他们的。

思考再三，我决定以人物故事的方式展开。即选定一批人，他们的经历曲折、典型、正面，同时各有特点，在专业上能够涵盖抑郁症防治的方方面面。我希望通过他们的故事，整体上呈现出一幅中国抑郁现象的完整画面。至于最初的宏大计划，留待将来再去完成。

朝这个方向走了一段后，我遇到了很大的困难。我发现，每个采访对象都是一个独立而复杂的世界；写一个普通人并不比写一个名人容易。受时间和精力所限，由我一个人来写好所有人，是不可能完成的任务。

那段时间，恰逢我带着雨燕，写了她那篇文章《像野草一样活着》。我突发奇想：何不发动大家一起来完成这本书？

一瞬间，云开雾散。我迅速调整思路，确定了三个步骤：首先，通过广泛采访，圈定故事的主角，确立文章的主题；其次，我作为第一叙述人，写我与故事主角的交往，引领故事的走向；最后，故事主角作为第二叙述人，分段讲述自己的完整故事。

如果这算得上是一个创新，我想有三个好处：

其一，故事主角分别写自己，肯定比我一个人写大家，要更真实、更丰富、更具体、更生动。

其二，对故事主角来说，写作还具有疗愈的作用。写作是心灵秩序的重建，从心理建设的角度来看，无异于清理自我，和自我对话，这和心理医生的功能非常接近。从后来的效果看，这个功能确实也部分实现了。

其三，我希望这个尝试能起到示范作用，即倡导大众写作。我从来都认为，写作不是部分人的专属权利，写作的愿望植根于人性深处，甚至可以说是本能。写作也不神秘，几千年前孔子说过，“诗者志之所之也，在心为志，发言为诗”。我也经常这么说：“把写文章当成说话，怎么想就怎么说。先把想说的记下来，整理成文字；再分段落、分层次；再加开头、结尾；再修改字词。那落在纸上的就是文章。”

比如雨燕，此前从未写过文章，也不会用电脑。她未必懂得主题、结构等写作技巧，但她有生活，有真情实感，就写出了很好的文章。从这个意义上，“渡过”公众号和这本书的一个使命，就是引领非专业的写作者，以淳朴之心，记录自己的生活，实现写作的疗愈。

在写作过程中，我和本书的采访对象组成了一个13人群，大家一起讨论，分享彼此的经历，出主意、想办法，每个人都有所提高。这是一次愉快的体验。

最后说一下本书的标题，《渡过3：治愈的力量》。我想，12个主角，12个故事，如果要概括出一个共同的特点，就是蓬勃的生命力。

书中的每个人，都承受过很多苦痛。时至今日，以超乎时空的视角看，曾经压倒一切的苦痛都已湮没；所能看到的，只是他们走过的道路。这些不同的路，也许可以分析为以下特征：对科学的信念；对人性的自省；对自我内心力量的重塑；以及对人类温暖和善意的冀求。它们没有终点，还在向前延伸。

希望这一条条道路，最终殊途同归。

张进

2018年1月2日

目录

溯源

蝉蜕

尘　世

后记

HEALING

覆潮之后

溯源

从哪里来？到哪里去？

与命运和解，与真实相遇

乡　关

2017年4月13日，我开始寻访之旅。第一站去贵州，采访墨清。

之所以选择墨清，有几点考虑。第一，墨清自小患病，病情迁延，九死一生。他的病，还不是简单的抑郁症，医学名“分裂性情感障碍”，复杂难治。就在不久前，他还经历了一次带有幻觉和妄想的复发。

他告诉我，有一个学期末，连续监考好几场后，身体十分疲累，但思维却很活跃。感觉楼道的安全通道指示灯都在和他说话，暗示他快走，这里危险。理智上，他明白“指示灯就是一个普通的灯”，但又觉得“最好离开”。他痛苦地犹豫不决，僵持了20分钟，终于走了。

路上，他感觉周围的世界都变成了黄昏般的慢镜头。每一个人都在走近或者远离他，脸上僵硬着，毫无表情。惊慌失措下，他打了一个电话给女友，一回身看到三个人剑一般的目光。路过宿舍楼，听到一阵阵欢笑声、泼水声和说话声。他更加紧张，飞快逃离。

过了几天，为了验证当时的感受，他专门在相同的时间到宿舍楼下去了一次，发现根本无法听到那么清晰的声音。他明白，那是幻听，确凿无疑。

记得墨清通过微信告诉我这一幕的时候，正是黄昏。我沉浸在黑暗中，想象着他。这是我的第一位熟人，在清醒的状态下，对我叙述他的妄想和幻觉。

第二，墨清毕业于中国药科大学，对药理有专业的理解，也延伸到精神疾病研究。他所在的贵州，医疗资源薄弱，到后来，他干脆自己给自己治疗，自我觉知，自我调整，一直稳定了下来。

第三，墨清爱读书、写作，也爱艺术与自然科学。他给我讲过很多地域的历史，他的家族的故事。按他的说法，精神疾病和个人的历史相关，尤其和心灵史相关；而原生家庭、地域文化、民族文化的影响不可摆脱。

他的这个观点，正和我对精神疾病的理解相通。采访墨清，对我来说，其实也是疾病成因的追溯之旅。

因为误点，飞机降落遵义时，已是 4 月 14 日子夜时分。

一见面，墨清告诉我，他已在机场等了 6 个小时；再晚一点儿，就不能等我了。问他为什么来这么早，他说天黑了就找不到机场了；而过了夜里 11 点，他必须吃药；吃了药就迷糊，就不能开车了，只能回家。

我意识到，在我面前生龙活虎的他，其实还是一个病人啊。

市区在机场 40 公里开外，墨清就近把我拉到新蒲住宿。新蒲是遵义的新区，还在建设中。以前这里是一片农田，现在成了楼群。但光有高楼没有人，尤其到了夜里，更是冷冷清清，墨清说："连鬼都抓不到一个。"

我们转了很久，找不到预订的宾馆，只好给前台打电话。值班的人出来，带我们七拐八拐，到一个楼盘住下。后来才知道，这家宾馆是利用在建楼房改建的。穿行在黑漆漆的半成品高楼间，感觉就像是这次采访的隐喻。

时间太晚了，我留墨清住下，顺便多谈谈。问起他刚刚经历的这次复发，他轻描淡写地打发了。是啊，和疾病缠斗了这么多年，这一次短暂的复发对他远不如对我有震撼。

我说：反正睡不着，干脆给我讲讲你的过去吧。他答应了，一口气讲了几个小时。当告一段落时，已近黎明。窗外"叽叽喳喳"鸟声一片，天还黑着。

他颇有诙谐意味地总结了一句："伴随着病痛，伴随着丧失，看淡了人生和死亡，生活硬把我逼成了一个哲人。"

这是西南早春的夜，但是已有鸟鸣。

以下是他的讲述。

我的30岁计划

我曾经有个“30 岁计划”，从未对外人说起。那是我的自杀计划。

我想在 30 岁生日那天结束生命。十年来，这个计划一直都是我最后的安慰。既然决定不了自己的生，就去决定死。

我在高中的时候，便有了发病的征兆。太过遥远的往事已经记不真切了。只记得那时未谙世事，就有莫名的痛苦。为了考出好的成绩，我强迫自己在寒风中奔跑，在手臂上划下一道一道伤痕。我惊异地发现身体的疼痛能缓解内心的痛苦，于是自伤成了我后来难以摆脱的应对模式。

进了大学之后，我读了药学专业。从那时起我才知道，原来人类的健康是建立在大量动物被处死的基础上的。所有的实验动物都要处死，哪怕它们是完全没有用药的对照组。当我手握锥形针捣毁蟾蜍的大脑时，当我把它们的皮肤剥下来只剩下肌肉时，我内心充满了太多无法对人言说的痛苦。

我是那么热爱自然与生命，我无法理解自己必须要做的一切。许多次听着 *Colors of the Wind* 流泪，我认定了别人再不会明白这种情感。

我挨过了那漫长的一年，坚持到了能够选择一个只和植物打交道的硕士专业。但我再也阻止不了疾病的全面发作，除了每天早醒，我甚至不能坚持听完一节课。

疾病从来都不是单纯的症状展览，它是病人主观克服的结果。在入院之前，我接受过老师的认知行为治疗，翻遍了图书馆关于抑郁症的书，我觉得自己肯定有某些问题，但一定不是精神疾病。

我已经很难控制反复出现的自杀冲动，夜夜站在五楼的平台上想要跳下去。老师万不得已通知了我的父母，父母连夜乘飞机赶到南京。然而我只看了他们一眼，便转身回了学校。那时的我痛苦到已经很难与他人共同待着，哪怕只有一秒。

我最终在脑科医院住了院。医院的饮食很难下咽，我不得不顿顿叫外卖。我很怕多花钱，母亲却坚定地说存钱就是为了急用的。为了不休学，我果断放弃了医生建议的电击治疗。

然而第一次用药就出现了严重过敏，可是毫无经验。直到母亲发现小便颜色不对，医生才让到药店去买保肝的药。母亲又是着急、又是心痛，一路问去，问了好几家方才买到，回到医院时，她的腿已肿到不能再走了。

我成了医院里最为特殊的病人。每天清晨我离开封闭病房，到学校去上学，傍晚再从学校回来，让医生放心。

就这么坚持了三年。靠着那么一口气的挣扎劲儿，我最后如期毕业了，但远远没有康复。我只是装作康复了。

母亲烧掉了我的病历，她以为我从此以后就好了。

我回到故乡，第一份工作是药检。工作压力并不大，可是不久我却再一次体会到了严重的抑郁。我常常想在阳光下死去，一个人躲在实验室里不想出来，更不想与人交流。

我开始出现现实解体，觉得身上的腿不是自己的。这时我意识到这病根本不是我以为的那么简单，竟然会没有现实刺激而发作。我开始在工作之余自学，进入 CNKI 查阅与疾病相关的文献。从那时起我才知道，我出院后毫不过问性价比就买了一台 8000 元的电脑，一个学期打破了二十几个暖水壶，这叫作“躁狂”。

我明白了，我不是脑科医院所诊断的抑郁症。理性逼迫我重新接受药物治疗，从四药联用到单药维持，其间是数不清的求医与尝试。几年之后，我才被诊断为分裂性情感障碍——这是一种较为复杂的精神疾病，幻觉、妄想、躁狂、抑郁等症状同时存在或交替发生，又常会反复发作——只是，这个正确的诊断来得实在太迟。

2014 年底，我换到机关工作。因为症状的复杂难治，医生给我用了大量的奥氮平。抗精神病药物压制了我表达与思考的能力，人显得迟钝又木讷，于是我决定减药。当我发现减药后竟能看懂原先不懂的公式时，我毫不犹豫地继续减下去。

那时我正在接受心理咨询。咨询师问我：如果冒着复发的风险，你还要减药吗？我很肯定地回答：减。我不是在简单地加减，而是想要用最少的药物、最小的剂量，换取最大的稳定。

咨询师不幸言中，那些多年来早就熟悉的症状又回来了。我开始觉得路人在议论我，街上的汽车都在朝我鸣笛，嫌我挡了它们的道；其他人也能够从家中的摄像头看到我，即使电脑并未开启。

医生告诉我，奥氮平失效了，他给我大幅度换了药。抗精神病药和抗抑郁药全部换掉，换成喹硫平和安非他酮，搭配碳酸锂。

最开始，我对安非他酮心存顾忌，担心它会像之前用过的米氮平一样加剧循环。于是我只用喹硫平和碳酸锂，用了一段时间，毫无起色。最后我抑郁得实在无法忍受了，哪怕是毒药我也要吃上一把。

我加了安非他酮。加的时候，我对它极度不信任。我既不相信吃了它能治疗抑郁，也不相信吃了它不会导致躁狂。我只是为了表示我还没有放弃而加上了它。

然而，没有想到，正是这次加安非他酮，只用一片，完全改善了我的情况。三个月之后，在医生指导之下，我将其停掉。最后用喹硫平单药维持至今。

我所患的疾病，由于其高复发率，并非两三年就能完成治疗。它是一生的战役。也许，我们中的一些人可以停药。然而这一生，你都要重视自己的情绪，重视自己处理情绪的方式，重视如何对待自己，给自己的心一个温暖而宽松的环境。

疾病的痊愈，也是一个人学习如何爱自己的过程。正是因为疾病，我才察觉到，之前对自己是多么缺乏了解，多么缺乏合理的尊重与爱护。当我开始尝试重新认识自己的时候，这种对自我的理解与懂得，会比从前深沉许多。

我学会了轻诊断，重治疗。精神疾病并非只是一个独立的病种，它更是一个连续的谱系。很显然，我处在双相障碍到精神分裂症之间，有时伴随着明显的精神症状，有时却只有单纯的躁郁转换。

我接受了我属于不能停药的那类病人，连续用药已有十年，我把药物视为维生素一样的东西，就当是自己天生缺乏。也有人问我，不吃药会怎样？我说饭也是每天要吃，何必与自己过不去？

从最初的完全否认，到现在几天便能意识到自己状态有异，这十年的人间炼狱，终究是炼出来了。

后来，我曾经给别人写了这样一段话："每一个服药的人，一开始，都很难接受一个事实——我必须要依靠药物才能保持正常。每一个服药的人，都很想尝试，只是依靠自己的力量，去行走于世间。当我们感到自己内心的力量，逐渐强大起来的时候，我们往往会想要尝试停药，去看看自己是否真的已经长大。所以，停药，有时候，我并不觉得是一种需要被谴责的行为。它其实也是一个人在寻找他自己，在成为他自己。"

墨清的讲述一直持续到黎明，然后我们沉沉睡去。上午醒来，我提出去他家看看。他告诉我，他不住在家里，住在单位的办公室。

"为什么？"我问。

他回答，一是路远，上班来回麻烦；二是他不想住在家里，不想感受到自己不被接纳。

我有些奇怪。墨清是独子，父母都是知识分子，为什么不接纳他？

墨清回答，父母虽然很关心他，但不能接受一个失去了社会功能的儿子。他们只重生活技能，仿佛只要有了技能，人不需要情感也能生活；就算有病，也只能在办公室病着。

“我母亲的逻辑是，我一定要照顾好自己，千万不要给她添麻烦，因为她马上就要老了。这让我觉得，我本人的存在对她是个麻烦。”

一番话痛彻心扉，我没什么可安慰的，只能和他默默走着。到了单位办公室，他指给我看他的“床”——那是一张可以拉开的沙发。

当天下午，墨清开车带我回他的故乡，贵州省桐梓县——我想到他长大的地方，更切近地观察他的生活。

路上，他对我阐述了一个观点：抑郁在很大程度上是内心冲突的结果；内心冲突往往来自生存焦虑；而生存焦虑是代际传递的，它对应的是死亡焦虑。

“你认为，你的疾病，和你的成长环境有关系吗？”

“不是有关系，就是一回事儿。”墨清说。

途中翻越娄山关。山高路险，山色迷蒙。墨清兴致很高，对我回叙了他的心灵历程。最后感慨道：

“这十几年，我活得这么费劲，可是讲起来，一会儿就讲完了。”

我和我的父母亲

我患上疾病，有多重原因。归根结底，是那些成长中不能避免的遭遇，不断刺激着我天生的敏感。

在我成年后的很长时间里，内心都不能建立起清晰的母亲的形象。我出生后的第一个月，待在保育箱里，见不到妈妈。我不知道她在那段日子里是否强烈地思念着我。

随后我父亲外出进修学习，母亲忙不过来，请了一个十三四岁的保姆帮着带我。保姆自己还是个小孩，妈妈说她很不上心，有一天她把我摔到地上，于是就辞退了她。

后来又请姑婆来帮忙。姑婆教我学会了人生的第一句话："赶场去！""场"就是集市，大概那个时候她经常去赶集吧？但她毕竟年老了。我不到一岁半，又进了托儿所。

那段时间，经济通货膨胀，家里境况很不好，做饭时母亲连最老的菜叶也舍不得扔掉，全都拿来煮着吃。父母积攒了好久的钱，买回一台冰箱，两个人宝贝得不得了。没想到才用几年，就坏了。父亲找来车夫拉去修，一个人跟着板车走了几十公里路，又走回来，因为当地冰箱厂修不了。第二天，他又将冰箱运到火车站，准备送到上海去修，车站的人刁难不给托运。父亲说了无数好话，求了无数的人，才最终运走去修。等冰箱又能用时，已过去了整整半年。

大人们总是一言不发地拧着日子的汁儿，才能拧出那么一点点家用来。生活的难题却是一个接着一个。我四五岁的时候，家里着了一场大火，起因是另一家人乱扔烟头。父母把我和所有物件都抢救出来时，漫天的红光卷尽了木头平房的最后一间。我站在石阶上，看着周围的人哭喊一片。

那一夜我无比沮丧。我清楚地记得，小小的、惊惶的我，脑子里已经产生了一个清晰的念头："大人是靠不住的。"

后来，我家搬进了学校为我们腾出的一间办公室。父亲开始越来越多地早出晚归。为了弥补损失，他每晚都上门给学生补习数学。他用蜡纸刻钢板，刻上好几个小时，一张才挣一元钱，抽空便教我认字。他拿着粉笔，在地上画出一个人的模样，然后教我念——"人"。

母亲也开始频繁外出，去夜校补文凭，为将来能找到更好的工作。父母不在的日子里，我只能和自己仅有的玩具娃娃说话。没有人跟我说过这一切的变化是因为什么，而我也没有去问。多少年后我已记不清这些往事，我只记得有一次，风吹关了门，没有钥匙的我，一遍遍在黑暗里重复说："不用怕，妈妈很快就会回来。"

焦灼是一种无声的惊慌，它蔓延在我动荡的童年里。当安全变成了最重要的事情时，最内在的情感和思想就不得不退居末位，沉寂下来，变得不再那么清楚。在我成年之后，内心常常涌起流离失所的怅然，那时的我并不知道这样的情感从何而来。

火灾过后，父母决定送我上学。入学时我只有五岁，力量比同学弱了许多。我做得好的手工常常被同桌抢走，他交给老师时会说成是他做的。我心爱的文具盒被同学抢了，他们扔过去扔过来，就是不给我。我一着急，就哭，一哭就被哄笑。我羡慕别的同学有透明好闻的香豆，而母亲对生活的清醒决定了我永远得不到那些。当我硬着头皮告诉她“橡皮弄丢了”的时候，其实是我想要钱买香豆了，然而我终究是没有得到过。免不了被训斥也免不了挨打，夹杂着对知识的新鲜好奇、受同学捉弄的耻辱与对友爱的渴望，我就这么一天天长大。

我曾有过一个朋友，父母嫌他没有端正的学习态度，怕我不跟他学好，硬生生把我们拆散了。就这样我孤独地读完了小学。到了初中，我有了一位真正的老师。她灵活的教育理念使我们全班都成了“减负”的受益者，我由此打下了良好的古文基础。当我在她组织的班级活动里朗朗背出王国维的“人生三境界”时，平生第一次感到无比的自豪。在她动情朗读课文时，我早已秘密地将她当作了我的母亲。直到多年后，我又在校园里重新遇见她，她依然问我“现在还有没有写文章”，我只能躲闪着难掩内心的痛苦——那时的我正吃着极大剂量的药物，已经写不出任何东西了。

药物治疗之后，我决定接受长程精神分析治疗。每当我万分难过、控制不住要伤害自己时，咨询师都会对我说：“做自己的好妈妈。”

她告诉我，每个人都有自己“内在的父母”，它是对童年时养育关系的内化，在我们成年后替代现实的父母照顾着我们。在我还没有太多自我意识的时候，养育关系的极不稳定让童年的我对陌生而异己的世界产生了强烈的不安，与此同时，我也内化了一个严厉无情的、苛刻要求自己的父母形象，一个认为自己不应被好好对待的互动模式。但更为重要的是，我需要对已经内化的影像做出修改，因为我对待自己的严苛程度，已经远远超过了生活所必需。

从那以后，我越来越理解父母。尽管我很少回家，和母亲也不能很亲热，但我心里接受了她。她还是我的妈妈，是那个把菜油滴在橘子上，烧给我治咳嗽的妈妈；是那个在蛋壳上打洞，把蛋液倒出来又把肉塞进去蒸给我吃的妈妈。

翻越娄山关，我们抵达桐梓，贵州北部的一个小县城。

在墨清看来，他的成长中，父系和母系家族文化对他有很深的影响，由此甚至可以追溯到疾病的源头。时至今日，他已经不再孤立地从生物学、症状学，而是扩展到从家族、社会的视角，去观察和理解精神疾病。桐梓正是他的起点。

墨清最后总结说：他的患病，固然有生物学因素，内心冲突也是重要原因。他不能超越从小所处的环境，却越来越不认同自己被家族要求扮演的角色，不能认同自己落后又无所事事的民族与故乡；反过来说，他也不被认同。

“无处可退，无所依归。”他说。

大学毕业后，墨清在桐梓工作过几年。其间，他在县城买了一套房子。他把这套房子称为“我自己的家”。房子装修好后，不用于出租，打扫得干干净净的，隔两个星期就回来一趟。问他回来做什么，他说不做什么，就是回来看看，收拾收拾，打扫打扫卫生。

“待在属于自己的家里，心里的满足感和踏实的感觉是以前没有过的。”他说。

墨清显然对桐梓有很深的感情。他曾经在“渡过”公众号上发表过一篇文章，回顾了他的童年记忆。他写道：“在我的记忆中，小小的县城，清晨总是白色的。那淡淡的薄雾里，回响着黄包车清脆的铃铛声。铃声由远及近，就这样来到我的面前。”

说实话，我行前就计划来桐梓，一方面想感受一下墨清成长的环境，另一方面也是被墨清的这段描写所吸引。可是，今天的桐梓已经不是他记忆中的模样。桐梓县城正在大兴土木，空气中弥漫着建筑灰尘呛人的味道，哪有淡淡的晨雾和清脆的铃声？对此墨清也很不好意思。只能带着我在桐梓小城转悠，用语言来向我描述他小时候桐梓的模样。

来到一处工地，墨清指着废墟对我说：“这里曾经是大姨的家。”

我的家世

1986 年的秋天，我出生在一个双职工家庭。我是仡佬族人，随我父亲。他是家里第一个大学生，有一张恢复民族身份的证明。

父亲出生的县城是如何把自己列入少数民族自治县的，似乎没有人讲得明白。县城的街上满是看傩戏与打大贰的人，空气中飘着油茶的米香。

大贰是一种赌博游戏，纸牌上画着本族人才认识的文字。我至今仍坚定地认为有了这么个东西，这个县城永远都脱不掉贫困的帽子。但小时候我心里还没有产生任何思想，只惦记着地里辛辣的水萝卜、绳子上新晒的红色米皮、刚炒好的花生、瓜子和咩咩叫的羊。

年节下农闲，我惊奇地发现走到哪家都有饭吃。我还没有学会客气这种东西，享受着农村人独有的对小孩的偏爱。他们一眼就认出了我是城里的孩子，再问两句便知道了这是“老三家的毛”——毛是男孩，妹是女孩，我在巨大的语言隔阂里竟然轻松地吃到了各家的菜肴。文化、知识、礼节，还有外公外婆传下来的规矩，全部都抵不上火盆里一下烧起来的那股子热乎劲儿。

每天，天一亮，爷爷就去挑水。半山腰打好的井里有许多细小的贝壳，偶尔还会看到一只满不在乎的螃蟹横着过去，我一直思量着那些贝壳来自何方。爷爷的爸爸是什么样呢？爷爷的爷爷又是什么样呢？贫瘠的山石丧气地显示着他们不过是和我爷爷一样的农民，我大伯、二伯、四叔全是农民，只有我父亲显示着他在这个家族里独特的性质。

挑水种地，打柴放羊。城里人干不动、容不下的日子，在农村永远是平常。平常的活路有着响当当的理想。爷爷平生最得意的一句话便是“培养了好几个读书人”。

他在83岁时离世。家里最后一张照片站了35个人，都是他一脉所出。在他的葬礼上，一批又一批的人来吃流水席，好多人中午吃过下午又来。每半小时就要放一万响鞭炮，以显示家人是尽孝的榜样。

我怀着深深的不解询问父亲，他淡然地说着农村就是那么回事儿。我和父母无可奈何地躲到屋后的竹林里，零星赶来的他们的同事也都不出声地坐着。

葬礼决定只办7天，因为天热。幼时熟悉的堂屋里挂满了灵幡，新斩下的猪头和冰棺里的遗体使我感觉到愚鲁而讽刺。一心想着捞钱的道士竟能开口说要办14天，跪到最后我早已没了感情。我斜看着大贰桌上的人们一遍遍点着输了赢了的钞票，每天都盼望着葬礼结束而又像永远不会结束。

最后的火化我没去。我在宾馆里服下了6颗喹硫平然后昏沉睡去，直到第二天下午寂然醒来。

爷爷如他所愿，葬在了高高的山岗上。

在我母系这一支，外公少年得志，到老依然仪表堂堂。他有一副天生的好身板，黄埔军校毕业后主动加入了共产党，西进之后又在贵州剿匪。后来，外公在桐梓落户安家，娶了我祖上科举出身的外婆。

好景不长，1957年，外公被打成了右派。命运没有拖垮他的斗志，却弄坏了他的脾气。发起火来他一把将挂历拖到地上，全家老小都只能躲出门去。然而大家面面相觑，并不知道哪里得罪了他。

外婆是云南人，两个哥哥均从西南联大毕业。外公外婆家世显赫，但自己的家庭却满是遗憾。他们有五个儿女，都做了国家公职人员。我唯一的舅舅曾有过两个孩子，第一个早夭之后，隔了三年才又再生下女儿。连上我仅有四个孙辈，其中还有一个是抱养。全都拜那独生子女的政策所赐——我外婆的封建思想里这最大的不满总是滚来滚去。外公去世的冬日，悲凉的唢呐与四处炸飞的鞭炮一齐响起，他的墓碑上，把我和表弟连同表妹全部都刻成了“孙”。

虽然我病了，我却不是这家族里最不幸的。自始至终我都不信我只会是个病人，哪怕家族的遗传在我身上埋着必然的种子。

我不知道，小小县城的清晨是什么时候开始的，没有了白色的浓雾。我也说不出是从哪一天开始，我就再没见过大姨。过年的聚会总是诡异地缺少着一个人，准确说缺着一家人。

大姨很漂亮。她长得像我外公。我总是想，如果她不是生在这里，而是生在更大的城市，是不是就不会遇到这一切。

大姨初中毕业，就上山下乡了。她在镇里当知青，外公正好在同一个镇上任职，没事就教她写东西。她识字不多，每晚都对着字典，一个字一个字地学。我母亲后来说：“你大姨的那种苦劲儿，我一辈子都学不来。”

就这样，大姨的文字开始见报，从报纸上的方块，到《山花》的刊登。她也从农村回到了城里。

县里计生局的局长点名要她，她不去；报社要她，她还是不去。

她想留在那个没有多少事情的部门，一心写作。后来，她进了作协。有一次，作协开会，她去了外地。在那一次青年会议上，她有了最初的恋人。

她回来之后，给我母亲讲起那个人。“回家的路上都跳着舞”，我母亲说，她是真心地爱。

然而那人却没能调动工作来娶她。那时候，调工作、换城市，是何等的难，更没有辞职一说。两人终究是没有在一起。

大姨最后还是嫁人了。大姨爹个子很高，很能吃辣椒。他们婚后三年都没有孩子。大姨爹有了外遇，矛盾迅速成了裂痕。他们开始分居。在那样的年代，这些事情足以闹得满城风雨。

最后他们离婚了。大姨有了新的恋人，另一位文学青年。她怀孕了。外婆想要留下这个孩子，她说，她来养。不知道为什么，大姨却把孩子打掉了。

那之后，大姨再也没有生育过。她开始了混乱的伴侣关系。她想要有个归宿，但那小小的地方，又怎么可能给她一个家？

那之后，她就病了。

我一直都记得，大姨曾神秘地告诉我，她寄到台湾的著作将会出版，而她自己则会名利双收。那时我已上中学，我隐约地察觉到她有着某种问题，却不能将它命名。

多少次我向父母探问起大姨究竟怎么了，他们给我的都是匆匆掩饰后的顾左右而言他。他们说，她就是那样一个人，让我少跟她来往，也别答应她任何事。

她不再到外婆家来，穿着颜色极其鲜艳的衣服走在街上；再后来，她跟了一个不务正业的混混男人。我外婆拒绝承认有这么个女婿。外婆说，如果大姨只是一个人，那逢年过节，再怎样都要把她叫回来。

她开始打电话给我外婆，给我舅舅，说有人要害我们全家。无数个夜晚，我一直想着，是怎样的恐惧，会让她如此不顾一切地打电话给那些完完全全抛弃了她的人。

日子又过去了好些，我去了南京求学。在大学里，我也病了。我衣衫不整地去了青岛，终日兴高采烈。最后，我的钱花完了。父亲的学生帮忙买了车票，把我送回来。

我才懂了。我懂了，大姨在那明晃晃的白色的午后，为何穿着如此艳丽的衣裳。

毕业后辗转，我到了桐梓工作。大姨听说我去了，径直走到我办公室，她要拿她腌制的鹅蛋给我。我如约站在路口，却没有等到她。她没有手机。我走回县城大院，看见她蹲在那里。

她拿了好多好多的鹅蛋。那之前，她让我帮她买古筝琴谱。我母亲说，别给她买，我帮了她一次，她以后就会一直缠着我。

我害怕了，我没有帮她买，我找了一个不是借口的借口。

大姨老了，老在我们所有人都看不见的地方；我到学校工作后，就没有人见过她了。

又过了些年，外婆终于再也掩饰不住她的思念，一次次让三姨去大姨家那里，看看有没有亮起灯。

叙述家史的时候，墨清不知不觉带着我把桐梓县城转了个遍。回到家，已是黄昏，窗外暮色四起。我们相对而坐，什么也没说。墨清大姨的故事让我很伤感。

“你的文学天分和你大姨是一脉相承的。”我打破了沉默。

对这句赞美的话，墨清并不认同。“我不觉得自己有文学天分。我写东西很耗神，每一个字都很用心，是用血泪在写。每写完一篇文章，都会有虚脱的感觉。音乐才是我的安慰，在乐曲中我能获得平静。”

“这么说，音乐对你起到了疗愈的作用？”我问。

墨清没回答，掏出了口琴。“我吹一曲谷村新司的《星》给你听，你就知道了。”

我走过去关上窗。立刻，布满烟尘和喧嚣的街头被切断似的关在窗外。一曲过后，墨清对我谈起了音乐。

我和音乐

在我 7 岁的时候，父母发现我在竹沙发上摆着音乐课本，把一条一条的篾片当琴键弹。他们做出了一个重大的决定——送我去学钢琴。家里借了 6000 元钱买回一架钢琴来，那是他们第一次，也是最后一次跟人借钱。我继承了父亲与外公良好的乐感，在 13 岁那年考过了钢琴十级。

从学琴开始，单调的基础练习便成了日常。绝大部分的练习只有正确，永远也不可能好听。艺术最终是属于观众的，当一首曲子可以轻松弹奏示人时，艺术家本人早已失去了许多快乐，只剩下成就感。然而艺术又是属于艺术家的，他从此有了一把闪亮的钥匙，可以自由出入那他人都被挡在门外的世界。

对于我来说，音乐有更多的意义。童年时的备受欺凌，不及成年便离家求学，许多年来抚慰我孤独的都是音乐。到现在我都不曾忘记在水池边一遍遍听钢琴曲的日子，那是最深的落寞、最沉重的思索和最绝望的不屈。

上高中的时候，我对音乐已经非常痴迷了。妈妈一天给我5元钱吃饭，我只用3元钱，半个月就能省下28元，能买两盘音乐磁带。有一次，我病了，是脑血管痉挛，父母觉得病因是耳机听多了，坚持要收走我的用来放音乐的复读机，我就抢，他们看我拼命的样子，最后让步了，但耳机坏了，再不能用。音乐对别人是可有可无，我却和它共生在了一起。它已成为我生命中不可分割的一部分，我也不会再让任何人能够强行去除它。

钢琴实在太沉，我随身带着一把半音阶口琴。20多年前，父亲把他的口琴送给我做玩具时，可能从未想到我会爱上它，更不会想到有一天我会在精神科的病房里吹起。

工作之后，我有了更多的自由。我将手机上的文件夹用最爱的四首曲子命名，它们是《梅花三弄》《碧海潮生》《平湖秋月》《寒雪牵魂》。当我在监考中站得无聊时，我会在脑子里编曲，这是我莫大的快乐。

我也曾误以为，康复中必要的一环是多与人接触。直到如今我已彻底抛弃了这样的观念，康复并不是具备和人交往的十足能力，它是具备自己使自己开心起来的本事，比起人来，音乐更能使我开心。

人生最难耐是枯燥，最难忍是重复，最怕是竭尽全力却迟迟没有等来根本改变的机会，最苦是他人就在身边却不能讲出自己的心声。傅雷说，辛酸的眼泪是培养心灵的酒浆。只有经历过尖锐的痛苦的人，才会有博大的同情心。

我似乎没有在疾病中折损，疾病却使我意识到自己需要改变。不是我所以为的那种逼迫自己的改变，而是学习一种深沉的对自我的爱，一种坚定的自我捍卫与维护。

疾病最终促成了我人格更加完整，也使得我能够再爱他人。我学会了充分地利用没有犯病的时间，也相信疾病不是在白白地折磨自己。虽然我不能预言自己的未来，但我却不再为未发生的事情拧巴。死亡真的是一件不必急于求成的事，我来到了我的30岁。

和墨清相处了两天，彼此更加熟悉，明显感觉到墨清和我亲近了很多。要知道他和人交往还是有一些拘谨的。

后来墨清告诉我，正是因为亲近了，临别前他对我提出了一个要求。

那是第二天下午，墨清犹犹豫豫地对我说：“我想带你去一个地方，不知道你愿意不愿意？”然后补充，“如果你不愿意，我们就不去。”

哪有不愿意的道理？我很好奇，立刻答应，再问："去哪里？"

他答："我外公的墓地。"

我们驱车出城，一路攀高，抵达桐梓下属乡镇一个村庄。途中，墨清买了香、蜡烛和纸钱。他说："以前我都和爸妈一起来祭祖，今天是第一次自己来。今后我会经常一个人来，我想我可以代表自己的家庭了。"

他告诉我，小时候，他特别害怕去墓地。前些年，外公去世，他参加了葬礼。"打那之后，我觉得死亡是一件可以直面的事情了。"

我不能完全判断墨清带我去他家族墓地的原因。但我相信，一定是他内心深处的某种东西被触动了。

外公的墓地

与同龄人相比，我拥有更多接近死亡的体验，这也使得我最终习惯且不再畏惧。

我身体一直很不好用，近视到了1000多度。父母带我挺难的，真难为他们。我四五岁时，患了淋巴结发炎，发烧、咳嗽、流鼻血，整整病了一个月。那时对抗生素的限制很少，医生给我用了太多，结果过敏了。这使我后来对许多药物都过敏，对热也过敏。你见过谁热过敏吗？十几岁的小孩谁不爱玩？可是我不能。跟人打完篮球，别人是一身汗水，我还加一身的红疹回来。

许多年里，我总是思考着两个问题：人为什么活着？我为什么活着？在那个现实薄弱到什么都没有的年龄，这样的思考不仅不会有任何结果，还把自己绕进千古就从无答案的迷雾中。我以为人需要想清楚这些才能活着，这实实在在是错了。当我在办公室鼻血流得像水龙头拧开，医生三下五除二给我填了一鼻子棉纱时，我明白了死神原本就在隔壁；当我完整地参加了两场葬礼，送走外公与爷爷后，那些迷障开始逐渐散去。原来生与死根本不是我想象中恐惧的那样，它带来的哀痛终会随着哀悼的完成而逝去。

疾病造就的命运，我不想要却不得不要。人无法计算究竟是得到抑或失去，但总要对得起他所承受的苦难。上天既然这么安排，我也就这么接受了。在那有限的生活里过出无限的意义来，如此便是人的一生。

送走爷爷之后，我终于想要自立门户了。去年年初时，我遇到了现在的女友。我们认识的时间不久，可是她很了解我。自杀计划悄无声息地终结，我想去过常人的生活。以前我很犹豫，我能否担负起一个家庭的责任，是否真的应该走入婚姻。现在我不再犹疑，我觉得我不仅可以，而且应当。

一个人行走了这么多年，我想回家了。

过年的时候，我和她炒了几道菜，在租来的房子里摆满了四方。空碗里夹上菜肴，空杯里满上酒，就是敬祖先了。把门开着，我们到楼下烧纸。

那一晚风很大，我们小心地照看着火苗，火没有灭。

不事死，焉知生。

说完这些，他蹲在地上，安放蜡烛，燃烧纸钱，然后跪下，拜了几拜。

一片静寂，空气凝固不动。我在他身后微鞠一躬，他站起来；我们后退几步，转身离去。

第二天，我告别桐梓。墨清回遵义上班，我则开始下一段行程。

（本文自述部分为墨清所作）

“救世主”归来

商河是山东省中部一个小县，地处鲁中平原，北距北京300多公里，南距济南80公里。这样的地理位置，按说应该是比较繁华的。可是，不知为什么，商河很不知名。很多人一听这名字，首先想象它在陕西；甚至有些山东本地人，都不知道济南附近有这么一个县城。

商河交通也不发达。从北京到商河没有动车，每天只有一趟慢车路过；车站也不在县城，而在30多公里开外的一个乡镇。

2017年10月16日晚9点，我下了火车，走出车站。眼前黑灯瞎火，显得身后的新车站格外雄伟奢华。台阶下的空地上，一辆三轮车挑着惨白色的汽灯在卖水果；再就是一辆面包车，敞着车门，等着接人去县城。这车是那么破旧，畏畏缩缩的，好像大白天不好意思出门，只在晚上迎客似的。

我心里感叹：没想到此行的采访对象——“救世主”毓伟，竟流落到这样一个地方！

在我的读者中，我一直认为，毓伟是最理性、最坚强、最能扛的一个。尤其他的“救世主”情怀，我虽不能理解，但我相信是真实的，也激发了我一探究竟的好奇心。

大概一年半前，我收到毓伟的稿件，叙述他抑郁十年的经历。其中，多次提到他的“救世主”情结。他说，他从小就莫名其妙地觉得，他对人类是负有使命的。他给自己设定的目标有：创立一套具有微积分那样地位的独立新数学体系；完成爱因斯坦的遗愿，统一宏观和微观物理学规律；写一部《红楼梦》那样的传世巨著；熟练掌握 6 种以上世界主流的语言；拯救因环境恶化和资源危机而岌岌可危的地球……正是这样理想和现实的冲突击垮了他，让他深陷抑郁。

在他后来的经历中，最触动我的是他的理性。比如，抑郁症患者有自杀意念，再正常不过；他的独特在于，在初次企图自杀后，花了十年时间，用理性克服了自杀意念，终获治愈。用他自己的话说，是“给自己寻找一个不自杀的理由”。这篇文章后来在“渡过”公众号上发表，我用的标题是《十年抑郁，如何一步步远离自杀》。

毓伟第二次给我来稿时，正在远赴新疆的路上，践行他第二次骑行中国的计划。这也是他自我治愈的一个部分。这篇文章，后来以《骑行天下，一份走出抑郁的人生礼物》为题，发表在

“渡过”公众号上。

第一次见到他本人，是他来北京看我。一年前，他打算拍一部关于抑郁症的纪录片，来京寻求支持。这事后来无疾而终。我于是知道他这些年筹划了很多事情：写作、办公众号、开公司、搞项目等，无一成功。

再往后，我知道他跑了很多地方，青岛、济南、莱芜等，最后落脚商河。我一直不知道商河是个什么地方、他在商河干什么。直到此时此刻，毓伟本人、商河，就这样呈现在我的眼前。

毓伟接到我，领我上了那辆面包车，穿过沉沉夜色，进入商河县城。一切安顿好，已是深夜。他住在郊区，有七八公里远，只能走回去。我送他出了县城，到一座公路桥，是城区和郊区的分界线。他不让我再送，握手道别，说好明天一大早过来找我。

我站在宽阔的桥面中央，望着毓伟的背影逐渐远去了。路灯高悬，大街两头空无一人，如同旷野；那桥头栏杆上的一个个石狮子（显然是模仿卢沟桥），傻呆呆地蹲在那儿，苍黄的灯光打在它们身上，显得那么怪异。

我很惆怅。

命运让一部分人飞黄腾达，恣意妄为；又让另一部分人怀揣美玉，辛苦辗转而无所得。

第二天一早，毓伟到宾馆找我。他第一次对我叙述了他的完整故事。

人造“救世主”

16 岁至 25 岁，最宝贵的青春岁月，我抑郁了十年。

我毫无办法。读书、恋爱、生活，我努力地把所有的事情都做得一团糟。在这个过程中，我拼命地给自己创造一些类似希望的东西，又眼睁睁看着它们像肥皂泡一样被轻而易举地戳破。生理上的头痛和心理上的绝望像两只手，交替着把溺水状态中的我一次又一次按到水下，死不了也活不好。

自杀？我曾以为自己一定会用这种终极方式来维护自己的骄傲和自尊。但我没有，因为不甘心，所以很长一段时间里我只能体会着什么叫作苟活。

真的不甘心。我不相信世道轮回，也不打算把希望放到来生，所以我真不想放弃。我找了各种借口来说服自己不断尝试，总希望下一次尝试会管用，也不知道究竟哪一次会起到决定性作用，但最后居然真的走了出来。

我曾经对自己许诺，倘若有一天能康复，我会讲一讲这一路的黑暗风景。希望那些同样被困扰的人能获得些许有用的经验和教训，早日找回迷失的自己。

现在到了兑现承诺的时候了。

每个人的抑郁都有其特异性，我也不例外。我直系亲属中没有抑郁症患者，所以直接遗传的可能性不大。不过我早期的“三观”和思维模式一直比较极端，有明显的理想洁癖。我属于理想被现实彻底击碎，然后自我惩罚，把自己逼成抑郁的那一类。我认为这类人必须要从内心进行自我救赎。

我从小就有一种莫名的强烈的使命感——总觉得自己是注定要做大事的，笃信自己是被上天选中的“救世主”候选人。

2004 年，我以全校第二名的成绩考进市里最好的高中，我踌躇满志，以为那是一个美好时代的开始。

2005 年春，我已经把自己调教成了一个不折不扣的“人造救世主”。我花了很多时间来了解历史上各行各业的伟人们的人生经历，不知不觉陷入一种与伟人同行的幻觉。我不允许自己有无能的表现，当感觉自己不够聪明、记忆力不够出众、思想不够深刻、成绩不够理想时，我不能饶恕自己。

与此同时，我内心深处产生了一些奇怪的想法。夜深人静时，我会想象自己待在一个寒冷、贫苦、饥饿的环境中，坚持着伟大的理想，并最终为之献身。不知道为什么会那么想，就是感觉很酷，很爽！

那时候，我的思想比较极端。我的各科学业整体上比较均衡，所以当发现单科成绩有比自己更优秀的同学时，就产生了强烈的危机感。普通人可以把成绩看得淡一些，但对于一个“救世主”来说，不完美是一件很可耻的事情。

在别人眼中，我聪明、善良、热心、勤奋，无私到极致，甚至有人评价说五百年才会出现一个。但我知道那不是我。

现实中，我被自己的“无能”连续戏弄，于是开始自我伤害。我用各种恶毒的语言来奚落、嘲笑自己，咒骂自己是一个彻头彻尾的白痴；用各种残酷的方式自我折磨，比如，用圆规尖戳手或胳膊，用指甲把身上抓得遍体鳞伤，没人的时候狠狠地扇自己耳光……我用这些方式告诉自己，犯错就要付出代价。我一直以为对自己苛刻是一种美德。

有一次月考，因为疏忽错了一道题，午餐时我挖了一大勺辣椒粉吞进嘴里。我强忍着痛苦告诫自己，这就是犯错的代价。我不能接受瑕疵，如果不能完美，宁肯自我毁灭！

我用这样一套自己定义的标准要求自己，这种偏执的自我伤害成了把我推进抑郁深渊的加速器。就这样，我硬生生将自己推入精神压力的火药桶，等待着导火索被一个火星点燃。

一个意外的导火索

那是高一时很平常的一节物理课。

物理课之前是体育课。体育课上大家踢球踢嗨了，大部分同学物理课迟到。后果是物理老师生气了，临时决定检查上堂课的作业。在连续发现几个同学都没完成后，物理老师勃然大怒，咆哮着让没完成作业的人主动到后排罚站。

我是个非常听话的好学生，于是主动跑到后排罚站去了。物理老师看到清一色的“挂科大王”中混着一个我，非常生气，认为我是故意的，把我狠狠教训了一通。

从“好学生”成为反面典型，就像在众目睽睽之下裸奔，还被拍了视频。当晚我失眠了，长期积累的自卑和羞愧一夜爆发，我冒了一晚上的虚汗，床单都被湿透了，第二天就感冒了。

感冒带来了一系列并发症：鼻腔堵塞，头痛难忍，脑袋像灌满了糨糊。从此，这些症状持续不断地伴随了我五年。

一周之后，感冒没好，看东西也变得模糊。听力下降，心态开始紊乱，内心充满了恐惧感。我感觉自己的精神好像出了问题，生活慢慢失控。

现在看来，我抑郁是迟早的事情，那堂物理课不过是一个随机的导火索。就像在战场的枪林弹雨中，我知道我一定会被一颗子弹放倒，至于是哪一颗并不重要。

抑郁初体验

2005 年，抑郁症还是个不太被关注的话题，我对此也一无所知。面对症状，我用名人的鸡血名言来鼓舞自己，甚至觉得不经历过特殊磨炼是没有资格真正成为名人的。我把马克思、爱因斯坦等人的经典语录抄在自己随时能看到的地方，尤其喜欢孟子的“天将降大任”。我觉得自己硬挺一挺，肯定能过去。

可是没能过去。午休或晚上，躺在床上，脑袋里会突然响起一段旋律，然后无休止地滚动播放。一开始我还调侃自己有特异功能，但很快被它折磨得死去活来，想疯狂咆哮。不过理智让我压制了释放的冲动，因为我不愿意让别人看到自己的异常。

我多次体验过入睡前那一瞬间的感觉，可能许多人并没有这种机会：感觉自己像一条正在沉入流沙的船，整个身体快速下沉，周围无限宁静，仿佛下一秒钟就要完全没入梦中。潜意识告诉我那是入睡前的瞬间状态，我感觉很兴奋，因为之前从来没体验过；这种念头让我重新精神抖擞起来，然后继续失眠……

连续失眠让我内心无比抓狂。晚上睡不好，白天我暗示自己应该补觉，理智又提醒我要认真听课；课堂上我经常为该不该睡觉而纠结，精神便游离起来。

“失眠—精神恍惚—成绩下滑—压力—继续失眠”，这是一个死循环，我本以为自己能够驾驭，可是没有。一个多月后，我发现坚持没有带来任何积极效果，内心越来越痛苦。终于在一次月考结束后，我下决心逃离了学校。

我清楚地记得，那天我一个人坐在回家的大巴上，头靠在玻璃窗上。我一直哭！我想我完了，在人生的考验面前是如此不堪一击！我第一次对自己的理想产生了动摇。

死亡诱惑

那年我高一。我以为这就是人间地狱；但很快发现，高二才是。

长期的失眠恐惧让我产生了被害妄想。绝望无助的时候，我经常诅咒上天，觉得它剥夺了我的“救世主”资格，还打算取走我的性命。躺进被窝，一闭上眼，我就感觉到一双手掐住我的脖子，吓得赶紧睁开眼，大声告诫自己不要怕。我没有做错什么，你为什么要来害我？

走在路上，我会很警惕地提防每一个人，害怕有人突然拔出匕首捅我一刀。走在树下也会不住地抬头观望，害怕突然会有树枝坠落。高楼下我不敢靠近，害怕突然有坠物砸中脑袋……我每天都会设想各种各样的离奇死法，小心翼翼地提防着各种突发事件。

更多时候是脑袋疼痛和瘙痒，仿佛有千万只蚂蚁在啃食灵魂。我曾一直好奇为何毒瘾难戒，看文字资料，我猜测抑郁发作应该跟毒瘾类似，生物学机理应该相同。我曾想亲自验证一下这种猜测，不过还是控制住了自己的好奇心。

很多次半夜三更，我游荡到寝室楼道尽头的窗户边，告诉自己：跳下去！跳下去！跳下去就好了！一切都会解脱了……我真的很想一跃而出，可我不甘心！我觉得自己的人生才刚刚开始，怎么能就这么结束？何况我还有那么多伟大理想。

可有时候我也会想，如果我真是“救世主”，那么在我跳楼的一瞬间，肯定会有超自然的奇迹发生，很可能精神状态因此会恢复。这种想法对我极有诱惑力，好几次让我蠢蠢欲动，在最后关头又退缩了。奇迹发生当然最好，万一不发生怎么办？那岂不是真的死了？

诱惑与恐惧交织，我对窗户产生了极复杂的感觉。走在楼道，我会刻意避开所有窗户，只因看见它我就想往下跳。

无休止的折磨让我产生了一种强烈的虚幻感，常常分不清梦境和现实。走在路上感觉轻飘飘的，像是在腾云驾雾，经常会毫无道理地撞到墙上或树上。

很长一段时间，我不知道自己是活着还是死了。整个人是麻木的，每天机械地熬日子。

抑郁带给我罪恶感

没完没了的失败和绝望时刻纠缠着我，慢慢地我产生了一种强大的羞愧和罪恶感，认为周围所有的不幸都是自己造成的。

父母因我精神异常而焦头烂额，天天吵架；姐姐高考失利，只能读一所很不起眼的学校；从小一起长大的堂哥遭遇工伤，变成了植物人，在重症监护室里，我看到他像一只待宰的动物被更换食管，身体在强烈的痛苦中挣扎——我认为这些都是因为我的罪恶造成的。

我假定我已被上天从“救世主”名单中除名，下场应该是自杀。我与上天应该有一份生死契约，我的死本可以为周围的亲人换回幸福和快乐；可是我选择了苟活，因此上天把本来应该加给我的痛苦，让我周围的亲人们来分担。我感觉自己非常可耻。这种魔鬼的声音经常会在脑海里响起，让我在巨大的生存纠结中死去活来。

其实每个人都知道，自己的离去会对家人造成巨大的创伤，为什么还有那么多人自杀？我觉得除了纯粹生理上的疼痛和精神上的绝望，可能还有那种罪恶感和以死谢罪的想法在推波助澜，至少我曾那么想过。

没有走出那一步，是因为我不甘心。我害怕所谓的生死契约是自己幻想出来的，何况我真的怕死。所以只能不停地给自己找各种借口，继续苟活着。

事实上，当扛住了最初几拨强烈的死亡诱惑后，就会慢慢习惯这种痛苦，也总能为自己继续苟活找一个借口。

人生轨迹因抑郁改变

一旦陷入抑郁，生理和心理会形成双重压力，精神和肉体备受摧残。头痛、反应迟钝、思维混乱、记忆力减退，加上欲望丧失、悲观厌世、感情淡漠、自我厌恶……叠加在一起，情况不断恶化。

那段时间，学校里不断有一些“好学生”因精神压力太大而休学回家，包括一个曾考过状元的女生。听到这些消息，我得到极大的安慰。至少我还坚持着，这满足了我的一点儿虚荣心。

高三一年课业更加繁重，但相比高二我感觉好了很多，因为已经习惯了。我不断地告诉自己会越来越好，拼命给自己创造希望，告诉自己所有苦难都会在高考之后彻底结束。只要最终的结局是好的，我就能继续忍受痛苦。

但当高考临近，成绩仍没有明显起色时，巨大的恐惧又悄悄找上了我。我害怕孤注一掷却最终被彻底打垮，于是偷偷给自己寻找后路，告诉自己即使高考真的失败，也要先活下来看看。

几个月后，高考结束，成绩大大低于预期。我躺在床上哭了两天，曾一直坚持的“救世主”情怀和在此基础上构建起来的价值观轰然倒塌。

我彻底失去了活着的目标，感觉自己就是个彻头彻尾的笑话。没有了生存价值的庇护，我变得特别怕死，虽然不知道为什么要活。

那个暑假，我经常躺在院子门口的木板上呆望着天空。一个脑萎缩的邻居老头每天来找我聊天。他走路摇摇晃晃，说话吞吞吐吐，没有人愿意听他唠叨。他说像生活在云彩里面，摇摇晃晃；脑袋里灌满了糨糊，晕晕乎乎……说着说着就会泪流满面。

我知道他说的是一种什么状态，所以我愿意听他唠叨，听着听着我也会泪流满面。我很想安慰他，却不知道怎么做。我连自己都不知道怎么安慰。那是一种绝望到无助后不得不面对现实的无奈。

高考发榜，我进了长沙一所985高校。离家去长沙的时候，老大爷来送我。“湖南？我一辈子都没走过那么远。等你放假回来，我再来找你玩！”他说。

大一寒假回来，我看到他家门口挂了一串招魂的白幡。我知道他走了，心里很难受，人在命运面前是如此不堪一击。

也许是因为环境改善，压力变小，加之已逐渐接受现实，上大学后我的状况有了些许改善。但学习能力还是不行，一看书就剧烈头疼；只要是大段文字，基本都看不进去；看了也记不住，记住了也会立马忘掉。个位数的加减法口算不出来，买东西经常找错钱。

到了大三，就要面对就业和考研的选择。我很怕工作，决定考研。为了不让结局显得太过狼狈，我决定从生物工程专业跨报复旦大学数学系。没人知道我的想法：数学是最难的专业，考不上不算特别丢人；但如果本专业研究生还考不上，那实在无法原谅。

另一个原因是我希望再利用这种极端的方式尝试一下，我能否走出抑郁——虽然没有任何科学依据，但只要能想到的方法，我都会试试。

毫无意外，研究生没考上，抑郁症也没有明显改善。我安慰自己说：抑郁已经把我变成了白痴，又是跨考数学系，考不上很正常。

四年大学，纠结中带着痛苦，就这么弹指而过。在这个过程中，我发现我的性格逐渐发生了改变。抑郁之前，我是一个做事认真、性格内敛的人；上大学后，周围人对我的普遍印象却是马马虎虎、吊儿郎当，又敢想敢干。前后相差很大。

这些变化有些是抑郁症直接带来的，有些是我刻意改变的。多数患者一个重要症状是纠结，注意力无法集中。从高一下学期开始，我已经很难长时间集中注意力，高二之后更加明显。我总是想同时做许多事情，结果什么都做不好。准备奥赛期间，全校数理化和生物都通过复赛的就我一个，我对自己期望很高。我把精力平均分配，哪一个机会都不肯舍弃，结果决赛全军覆没。进入大学，这种特点则更加明显。只要面临选择，我就会非常纠结。要么每个都选，要么一个都不选。

另外一个变化是，我对许多事情产生了无所谓态度，无论是学习、生活还是感情。我非常痛恨那种拼命努力之后的失败。毕业后，我从来没有做过一份持续时间超过一年的工作；也没有在一个城市持续待满一年。

当然抑郁带来的痛苦也逼迫我做了一些积极的改变：如果一件事情是我想去做的，多半我就会立刻行动。包括向喜欢的女生表白，更换工作，以及后来两次骑行环游中国。只是有些决定带来的是成长，有些带来的是灾难……

抑郁症对我感情生活的影响尤其显著。记得第一次强烈地想要恋爱是在高一。那时抑郁症刚发作，恋爱的冲动与抑郁的症状纠缠在一起，让我对恋爱既渴望又害怕。整整高中三年我都处在一种极度扭曲的暗恋状态中，被折磨得死去活来。直到进了大学，我都没有跟对方表白心意。

这段痛苦的回忆让我在大学期间强迫自己，遇到喜欢的女生一定要表白。其实那时脑子里一团糨糊，根本不知道自己喜欢什么样的女孩。一方面，我觉得抑郁症患者谈恋爱是一种灾难，所以刻意地压抑内心感受，逃避爱情；另一方面，又觉得不能脱离正常生活，不断地说服自己勇敢地去恋爱。在这种扭曲的理性和冲动中，我感觉自己的思想被拧成了麻花，不知该如何面对。

冲动时，我逼着自己向每一个自认为喜欢的女孩表白；表白后，又极力说服自己不能耽误对方，然后像只乌龟一样躲起来无声无息地失踪……在这种玩笑一样的游戏中，我来回地重复"表白与失踪"，结果是伤害了每一个试图与我接近的女孩。当然自己也好不到哪里去，自始至终形影相吊。

后来我终于懂了：身处抑郁中的人开启一段感情还是需要慎重的，如果真的开始，最好把自己的真实状态说明白，让对方选择是否接受；否则就不要有任何的企图。

爱情这种东西，有当然最好，没有天也塌不下来。如果你想刻意隐瞒真相，那么结果一定会比你想象中的更加艰难。

无助的父母

在患病的前些年，我一直没告诉父母实情，其实他们一开始就察觉到了。每当母亲哭着数落我因学习太努力导致神经衰弱，父母间就会爆发激烈争吵。此时我感觉房顶都要被掀开，脑袋也要炸开。

母亲曾要带我去医院治疗，我坚决反对，她只好请神婆来帮我“叫魂”。我仍然记得那个有趣的过程：找一大一小两只碗扣到一起，大碗里装上水，没过小碗的边沿。然后神婆嘴里叽里咕噜地念一些咒语，我没看清怎么回事儿，小碗下面冒出一串气泡。神婆对我母亲说我的“魂”很难叫，终于还是叫了回来。

说心里话，我也曾对此抱有极大的幻想，却始终没看到效果。于是，母亲又悄无声息地把院子里的一株葡萄藤砍了，那是我小学时栽下的，已经爬满了半个院子。算命先生告诉她，葡萄藤缠住了我的魂，要葡萄还是要我，自己看着办。母亲当然要我，就砍了葡萄藤。为此我哭了一整天。

父亲能做的，就是像之前一样给我讲许多伟人的故事，告诉我要相信自己。他的那些鼓励毫无用途，因为我自己就这么做的。在忍受痛苦和坚持到底方面，我已经很佩服自己。我都没有办法，父母还能怎样？他们真的已经尽力了。

在宾馆的房间，毓伟讲了一个上午。然后我们出来吃饭。席间讨论了“救世主”的问题。

我问毓伟“救世主”心结的起源，他也说不清。是与生俱来，还是后天习得？是“救世主”的妄念导致了抑郁的爆发，还是先有抑郁气质才刺激了“救世主”的妄念？谁知道？谁能知道？

不管怎么样，理想过于虚妄，超出了能力范围，无形中就背负上一座大山。此时要么修正理想，要么不断自我加压。毓伟显然选择了后者，并且不给自己留下退路。那时年幼的他，不知道会以十年的抑郁作为代价。

“人的精神就像一张弓，追求理想就像是在拉弓。再强的弓也有弹性限度，如果无止境地往下拉，必然将弓拉断。年少轻狂的我只知进，不知退，精神之弓被拉断只是时间问题。”毓伟说。

我安慰毓伟：任何事情都是两面的，“救世主”情怀是妄念，也是信念，让你最终坚持下去，没有放弃。

“最初的慌乱、茫然之后，你是怎么面对的？想了哪些办法？”我问。

毓伟想了想，继续往下讲。

给自己一个活着的理由

那时，我对抑郁症茫然无知，固执地拒绝接受药物干预，不得不承受了十年的持续痛苦，现在看来完全没有必要。

我坚决不肯吃药，是因为我内心残存的骄傲，不允许自己失败成抑郁症患者后，再接受药物施舍来活着。在我看来，吃药无非是为了防止自杀，对于生命的质量恢复并没有太大作用。

原有的价值体系已经彻底崩溃，先前的“救世主”情怀也让我感到恶心。一方面我在节节败退中变成惊弓之鸟；另一方面我觉得我做过伤天害理的事情，所以拒绝向抑郁症低头。我必须给自己找一个新的理由活下去，光不甘心是没有用的。

上大学后，我想在一个全新环境中重新开始。也许换一种生活方式可能会找到人生答案？我强迫自己参加各种活动，逼着自己上台唱歌、演讲、讲笑话。尽管我有强烈的社交恐惧，可只要能摆脱高中时那些痛苦，我愿意付出任何代价。

大部分时候，脑袋还是无休止地疼痛，迷迷糊糊，视力模糊，听觉退化，说话语无伦次。

我经常无缘无故地感觉被人狠打了一闷棍，脑袋里总有回音，耳朵会跟着周围的声音嗡嗡共振；我能感觉到自己的目光是呆滞的，手指也经常木僵到无法控制。跟别人说话，我常常听不懂对方在讲什么，也不知道自己在讲什么。

积极表现几个月后，并没有脱胎换骨，我很失望，又滑到崩溃边缘。理想已经破灭，又无法融入正常的生活，那么我活着是为了什么？

我一直考虑这个问题，突然有一天有了答案：就是活下去。

我这样想：我的人生已经如此不堪，如果注定抑郁终老，那我倒很想看看自己最后是怎么被折磨死的。万一有一天能找到出路，也可以给别人提供一些有价值的参考。这是我活着的最后一点儿尊严。

这种观念的确立对我来说是一个重大转折。我把它作为我未来生命的全部意义，一下子找到了生存的价值感。

从产生这种想法的一瞬间开始，我不再害怕自杀的诱惑，终于找到了一扇可以守住人生底线的大门。

我觉得我可以开始反击了。

有计划地主动改变

守住底线之后，我内心获得了极大的安全感，终于有精力来考虑如何自救。此前，所有的尝试都是即兴发挥。

我罗列了自身存在的严重问题，比较明显的大致有这些：社交恐惧，犹豫不决，执行力差，害怕失败……然后有计划地改造自己。

比如，克服社交恐惧，我没有任何技巧，就是逼自己在公众场合表演：唱歌、演讲、讲笑话、积极发言……大部分时候脑子里一盆糨糊，根本不知道自己在讲什么。我讲笑话，大家笑得前仰后合，我以为是笑话讲得好，后来大家告诉我是因为我讲笑话的样子很搞笑。

一开始我很羞愧，尝试次数多了，也就不在意别人的评价；慢慢也就真的不恐惧了。

做事犹豫不决、执行力差，我用跑步的方式来改变。最好的办法是立即行动。当我一有跑步的想法，就会立刻出发，不管外面是烈日当头还是瓢泼大雨，不给自己任何犹豫的机会。

这当然需要勇气，中间还得需要一些耐心。我坚持了很长时间，慢慢地改变。等到大四毕业，我基本克服了拖延的毛病，想做任何事都能迅速行动起来，包括后来两次骑行环游中国。

对于害怕失败的心理，我同样没有很好的方法，就是不断尝试。失败次数多了，就不太在乎了。如果非要说一点儿技巧，可能就是比较颓废的价值观：一切都无所谓——学业、失恋、工作，都无所谓。我觉得只要死不了，其他的都无所谓。

这种心态有好有坏。坏处是让我错失了很多机会，好处是为我最终走出抑郁赢得了充足的时间。

这是一把双刃剑，没什么可炫耀的。但对于最终能走出抑郁，却作用巨大。

午饭后，我提出到毓伟的住处看看。他在郊区租房住，离城区七八公里。

我不愿打车，想走过去，沿途拍些照片。就问毓伟：“早上你刚走过来，现在再走回去，走得动吗？”

“这算什么！”毓伟说，“你知道，我可是骑车去过新疆、西藏的啊！”

我们边走边谈，话题很自然地转到了他两次骑行天下的“壮举”，以及这个行动如何最终引领他走出抑郁。

阳光洒进心里

大学期间，我与抑郁有关的“成就”主要在运动和心态方面。

我从小是个书呆子，不太喜欢运动，中学时代跑步基本是全校垫底的水平。后来能改变，全拜抑郁所赐。

从大一开始，我开始断断续续地跑步。这种很傻的运动，坚持下去也会上瘾。大二那年，我代表学院参加校运会万米长跑，内心有一种强烈的成就感。

大二开始尝试长途骑行。从最开始的单日骑行 100 公里，到后来连续 4 天 400 公里，从长沙到岳阳一个来回；再后来连续 6 天 700 公里，从长沙到井冈山一个来回。每次挑战都让我对生命的价值意义有一种新的认识。长期抑郁带来的那种绝望感慢慢地被撕开了口子。

我感受到阳光洒了进来。这些星星点点的成就点燃了我内心的希望之火，激励我坚持一下，再坚持一下。

利用这种满足感带来的喘息之机，我小心翼翼地调整心态，慢慢地改变被扭曲和摧毁了的“三观”。

对我来说，这是一个艰难的过程，中间反复产生动摇。当千辛万苦搭建起的新的希望一次又一次被无情摧毁时，我无数次产生过报复社会的念头。可我知道这样并不能解决问题，于是我慢慢安慰自己，劝说自己平复下来，再尝试一次。

我最喜欢的电影是《肖申克的救赎》。每当看到主人公安迪爬出臭水沟，在雨中向天空张开双臂时，绝望中的我就会在瞬间重新燃起希望。然后对自己说：Hope is a good thing，maybe the best of things. And no good thing ever dies!

第一次骑行中国

谈到这个话题，还得从考研失利说起。

研究生考不上，只能工作。我运气也不总是很差，毕业前就拿到了 Offer，做碳资产分析。对这份工作我倾注了不少热情，可是每天面对全英文资料，我的脑袋无休止地疼痛。即使这样，我还是坚持了几乎一年。

那一年，我工作一塌糊涂，一同入职的员工纷纷升职加薪，只有自己原地踏步。老板让我解释原因，我说是状态不好。“你什么时候状态好过？”老板问我。我答不上来。

那时我已经不在乎别人的评价。老板前脚劈头盖脸地训完，后脚我就能找回自己的节奏，但这并不能消弭躯体痛苦给我带来的惶恐。那段时间总是感觉心脏胀痛，我猜想自己很可能随时随地猝死。

如果死在办公桌上，真的不值。在死之前总得做点儿事情，所以我想到了骑行环游中国。

做出这个决定没有犹豫太长时间。我觉得自己那么多年奋发努力，要是不明不白地猝死，岂不是白活了一场？

于是我辞职了。做好各种准备，然后骑车上路。我先花了四个月时间，走遍了海岸线；后来去了西藏，又去了青海，然后一路向东，骑回山东老家。

直到今天，我还清楚地记得出发时的兴奋。我嗅着田野里新翻的泥土气息，望着农人忙碌耕种的身影，童年的回忆复活了。小时候世界是彩色的，内心是快乐的，我已经多年无法体会这种感受了。

那段时间里我看到了碧海蓝天，看到了平原山丘，看到了各式各样的风景和形形色色的人群。我在原野上驰骋，也在风雨中奔波；我终于可以冲破内心的枷锁，像脱缰的野马一样无所顾忌地放肆一回。

那么多年里，我一直活在强加给自己的不着边际的责任中，把自己折磨得死去活来，到头来除了抑郁一无所有。我不愿意再做虚幻的“伟人”，不愿意再伤害自己。我就是想为自己好好活一回。

一路上并非只有鲜花和美景。大部分时间要一个人寂寞地行进。有时是瓢泼大雨，有时会露宿街头，有时睡在寒风凛冽的帐篷里……也有很多很多濒临崩溃的时候，现在看，那正是成长的机遇。

在浙江上虞，我听说去福建的道路群山环绕。当晚下着大雨，一个人躺在黑暗的旅馆中，我害怕得浑身颤抖，哭得稀里哗啦。我努力寻找继续走下去的动力，很快找到了。抑郁带给我的身心摧残让我下定决心改变自己，为了改变现状我愿意付出任何代价。所以，对抑郁症的痛恨战胜了对未知路途的恐惧，推动我继续向前。

在西藏的林芝，我决定一个人沿着雅鲁藏布江，走山南路线进拉萨。据说那是一条极其变态的道路，我故意选择它，就是为了克服内心的恐惧。为此我与同路人吵了一架，分道扬镳。那一夜，我给平生最信任的朋友打了一通电话，寻求一些安慰，排解内心的恐惧。但躺在床上，我还是忍不住浑身发抖。我真的很害怕，怕自己无声无息地死在路上。但是我不愿意回头，因为回头就意味着屈服，这是我绝对不能接受的。

高中以来，我一直就是抑郁的奴隶。为了排解内心的愤怒，我不断伤害自己，却始终找不到合适的方法，正面向它发起挑战。我认为直面这种最真实的恐惧，是反击抑郁的最直接的方式，我不能退缩。

这条线路的确让我饱受摧残，我很高兴坚持了下来。走过之后，我对自己越来越有信心。

还有一次，在陕西省渭南县一个小村落，我把帐篷扎在一个苹果商贩留下的雨棚下。半夜三更风雨大作，我在黑暗中醒来，四周是无尽的荒凉和恐怖气氛。然而一路的内心成长，让我对这样的情景习以为常。我静静地躺在帐篷里，听着冷风冷雨，居然有了“夜阑卧听风吹雨”的诗意感慨。

在陕西省武功县，一次夜宿荒弃的厂房，半夜被不知哪里传来的号叫声惊醒。我不相信鬼神，但也害怕现实中的坏人。临近黎明前我听明白了，是一个疯子，又哭又笑。号到半夜我也麻木了，居然一觉睡到天亮。

那真的是一段苦涩狼狈，回忆起来却让我很留恋的旅程。一路上仍然饱受着头痛的困扰，精神状态并不是很好，但那种不断超越自我的感觉，每天都给我带来惊喜。

这是绝处逢生的惊喜。

骑行结束后，我精神状况并没有立竿见影地得到改善，但我感觉自己的生命得到了一次极大的尊重和释放。又过了半年多，我的状态开始慢慢好转。我能渐渐感到头痛在缓解，意识也逐渐清醒，时常会间歇性地出现活着的喜悦。

2014年春节过后，我突然感觉自己的意识变清醒了，回到了初中抑郁前的那种感觉。好像整个世界灰暗的幕布被撕开了一道大口子，阳光一下子钻了进来。

这是过去十年中从未有过的。潜意识告诉我可能康复了。我仿佛得到重生，那种喜悦和幸福感一直伴随我走到今天。

第二次骑行中国

再往后，为什么要第二次骑行中国呢？

有两个目的。一是检验一下极端压力之下我会不会再次崩溃；二是为我走出抑郁这个我自认为伟大的事件，画一个完美的句号。

一开始我打算跑步横穿中国，顺便一炮走红，解决自己的生存问题。我准备了一年的时间，天天跑步，后来参加马拉松比赛，半年的跑步距离超过 3000 公里。

不过当我真正要践行的时候，发现目标太大，超出了能力范围。我不想从一个极端走向另一个极端，所以把跑步改成了骑行。

第二次骑行中国，路线是从东北去新疆。此时我的精神状态基本恢复，这是一次纯粹意义上的旅行。

起点在黑龙江抚远的黑瞎子岛，那是中国领土的东极点。4 月初，黑龙江的冰面上还可以过人，随后春天很快就来了。强劲的南风迎面吹来，让那一路行程无比艰辛。同行的两个伙伴先后退出，又变成了我一个人的旅程。

现在想来，从国土最东端到最西端，真是一段妙趣横生的经历。路过山东烟台、文登时，春雨淅沥，是樱桃成熟的季节。挂满果实的枝杈伸到乡间小路上，碰到我的手，我只好不客气地把它们摘下来，装进肚子；路过安徽省砀县，正赶上黄油蜜桃飘香，大街小巷的桃子堆积成山，一出村子又被果树包围，不顺手摘一些果腹，实在对不住那些充满期待的果实。我想它们也愿意跟着我天南海北去看看。

进入新疆，更是陷入瓜果的汪洋大海。香甜可口的哈密瓜吃到反胃，珍珠无核葡萄把我的门牙甜倒，当然吃得最多的还是红瓤的西瓜。那一年南方洪涝，整个夏天都绵绵的，新疆西瓜滞销，所以价格出奇的便宜，那段时间吃西瓜比买水喝划算多了。

后来去了北疆，和同行的伙伴在布尔津河滩上燃起篝火，开灶野炊，锅里煮着正宗的新疆羊肉。再将河里冰好的啤酒开上几瓶，看漫天的鹞鹰卷过林梢，真是神仙一般的迷醉生活。

一路诱人的美景也秀色可餐。我记得青海湖畔突如其来的狂风暴雨后，绚丽的彩虹像一道撑起苍穹的五彩拱桥；也记得茶卡盐湖的空灵湖面倒映着五彩斑斓的天空；记得喀纳斯湖水的碧绿和绚丽，宛如翠绿的丝绦缠绕在群山沟壑间，恬静的牛羊悠然地啃食着漫山的生机勃勃；记得独库公路上的天山峡谷，谷底奔腾着雪白的波浪，岸边漫步着骏马青骢……

我在鄯善的库木塔格沙漠夜色中露营观星，敞篷下是柔软的沙丘，天穹上是闪烁的群星。沙漠并非印象中那般荒凉，同样生机盎然。

在天山遇到一位来新疆骑行的意大利帅哥，我们结伴同行。在维吾尔族村落找到合适住处非常困难，帐篷也不能随意乱扎。幸运的是，我在苏布台乡，被一位热心的维吾尔族兄弟邀请到家中住宿，还品尝了纯正维吾尔族特色的晚宴和早茶。

在尼勒克县，遇到几位维吾尔族青年邀请我们去做客。各种新疆干果和大馕摆满餐桌，吃完点心，小伙子们兴致不减，在屋子里面载歌载舞。为了答谢，意大利帅哥也献上了意大利风格的情歌和劲舞，嗨翻了全场……

那一路上也有过无数崩溃纠结的时刻，但我发现自己都能够轻松自如地应对，坏情绪不会超过半个小时，就能自行化解，这让我感到安慰。那么多年里，我一直在痛苦和焦虑中苦苦挣扎，不得其法，却终于用这种长途骑行的极端方式，重新找回了生命的存在感。

十多年来，我与抑郁纠缠不清，做了无数个错误的选择，伤害了很多曾经关心过我的人，也伤害了自己，好在最终还是走了出来。

仔细回想，其实我并没有经历过外部的巨大打击，所有的摧残和伤害都是自己制造出来的。我认识很多饱受抑郁折磨的人都有一个共同特点：无法与自己和睦相处。

骑行中国对我的意义在于：我第一次满足了自己的内心欲求，抑郁之后第一次给了自己充分的信任和肯定。正是从那时起，我才一点点爱上了自己，不再与自己为难。

我知道这一生有很多事情已经无法做到，很多人也不会再见。我的确走过很多弯路，犯过很多错误，失去过很多机会，也让很多相信过我的人失望。尽管迷失了十几年，我尚不知道人生终点在哪里，但我愿意在余下的每一天，好好爱自己；如果有能力也会爱身边的人，一点儿一点儿地去影响更大的范围、更多的人。

至于理想，是一座人生价值的灯塔，我会向着它的方向行驶。但是沿途的美景，我也会好好欣赏。

说话间，我走到毓伟的住处，商河县北郊一个小区。他选择这里，主要是因为房租便宜。对于现在的他，四五百元差价不是小数目。另一个原因是他住哪里都一样，因为他还在漂泊之中。

尽管对一个单身汉的居住环境有所预期，但当毓伟打开房门时，屋内的陈设还是让我吃惊。10 平方米左右的小屋里，只有一张床、一把残破的沙发椅、一张小学生用的课桌，桌上一台旧式电脑，脸盆、电饭锅等都搁在地下。已是 10 月中旬，光板床上只铺着一张凉席，床边杂乱堆放着几件换洗衣服。这是真正的家徒四壁。

“你不知道毕业这么多年我是如何走过来的。”看到我惊讶的表情，毓伟想要解释一番。

他告诉我，一年前，从新疆回来，他开始考虑谋生。毕业几年一直漂泊，毫无积蓄，必须先养活自己。他回到青岛，临时找了一份文员的工作，没干几个月就离开了。工资低当然是一个原因，但他终究不愿意安于文员这样一个职位。大病初愈，他觉得体内充满力量，需要找到一个出口。

后来，一个在商河做商业策划的朋友看中他的文才，承诺高薪拉他入伙。但到了商河，他迅速发现，高薪机会根本不可能出现在商河这样的小县城。犹豫了很久，最后决定了自己的择业标准：要么真的能赚大钱，要么选择做适合自己的事情。

他重新审视自己，想到了他一直热爱的写作和编剧。他认为，国内外许多伟大的作家、编剧、艺术家，都有过精神疾病的经历，而他这些年，对社会和人生有了自己的理解；他也觉得，他在编剧方面有一些天赋，何不往这方面发展，没准儿能闯出一条路？

他请我在床边坐下，打开电脑，给我讲解他正在创作的电影剧本大纲。我看他讲得眉飞色舞，沉浸其中，心里有一丝隐忧。

我想了想，还是决定给他泼一点儿冷水。我说："写剧本不是容易的事。从一个构思到拍成电影，隔着千山万水，你有没有想过万一白干了怎么办？"

毓伟答："当然考虑过。我觉得编剧创意其实是精神波动的副产品，我很有信心。只要我能持续写出好的作品，总能够抓住一个机会；只要抓住一个机会，就能拨云见日。我不可能总是运气不好，那样的话老天都会感到惭愧了。"停顿了一下，他继续说，"我知道我的'救世主'幻梦已经不可能实现，但或许可以让它在我的作品中实现，这或许是它最后的价值。我没有享受过一天的奢华生活，也没有体验过一天的卿卿我我，但我没有因此放弃自己。今天的一切都是自我选择的结果，即使运气一直不好，比起当年抑郁中的绝望，根本算不得什么。既然抑郁都能走出来，暂时的潦倒不过是个小小的插曲。"

"你害怕再次抑郁吗？"我问。

"不会了，我最在乎的东西都失去过，我不知道还会有什么能再让我抑郁。即使再次抑郁也没关系，能走出来，我已经赚了。"

说这话时，他不紧不慢，语气平和，多少让我有些意外。我凝视着他；他一动不动站在我面前，面庞瘦削，眼睛里闪着亮光。我听说过很多的理想主义者，但今天在现实中见到了。我知道他未来的人生未必一帆风顺，但一定别样精彩。

一小时后，我告别了他，开始下一段旅程。我知道我和他的路都还长。

补记：

在本书最后定版之前，我再次采访了毓伟。他告诉我，编剧工作不顺，他现在已经在一家公司安顿下来，一切安好。当前不再奢望短时间内在剧本创作方面有所成就，只作为一种个人爱好从长计议。

我问他：有没有挫败感？他表示不会，只是多走了一段艰难的路，或许有一天会发现这是另一段精彩的回忆。

毓伟的回答让我欣慰，看清现实，及时调整，正是进步。祝愿他在未来的人生道路上越走越好。

（本文自述部分为毓伟所作）

丢失的母亲

晨夕是我为本书选定的最后一位采访对象，而真正了解她，却是在采访之后。

大概是2017年7月，我收到她的来稿，标题是《最好的父爱，是父亲拼了命地呵护母亲》。我一眼就看出文笔不俗。短短2000多字，她以叹惋的笔调，追忆了25年来母亲如何饱受精神疾病（精神分裂症）的折磨；以及父亲为保护子女不受影响，如何独自照顾母亲，不离不弃。

这是一个哀婉动人的亲情故事。几乎不假思索，我在公众号上发表了这篇文章。当然后来我承认，当时我并未能读懂这篇文章的全部含义。

文章发表后，我把晨夕拉入“渡过”作者群。一天，我在群内讨论本书的写作，她看到了，和我私聊，希望加入写作计划。当时我略有迟疑，因为这个亲情主题对我而言已经不新鲜。不过，这个故事的另两个元素：家族遗传和农村精神疾病——是我感兴趣的。我决定先了解一下再说。

我向晨夕提出了采访要求，她一口答应了。晨夕是河南人，12 岁离家寄宿求学，大学四年获得理学、法学双学士，毕业后当了一年多村官，又考至东南某省体制单位谋生。恰逢国庆她要回乡探亲，我们约定在她的家乡会合。

2017 年 9 月 23 日，到达她老家时，天正下雨。我运气不好，正值秋雨连绵，淅淅沥沥下了一整天，以至于现在回忆起这次经历，伴随的都是湿漉漉的感觉。

晨夕在车站接到我，说她家还远，在城郊一个村庄，请堂兄开车送我们过去。交通工具是一辆机动四轮货车，前面载客，后面拉货。她的堂兄开着一个私人家纺工厂，这辆车既是他的货车，也是他的客车。

晃晃荡荡一个多小时，这辆车把我们拉出城，在村庄与田野中转悠。眼前平地而起一个院落，一道两扇的红色大铁门，一个空落落的院子，一间大厂房，两进连在一起的房间。车停了。

“这是违建啊。”我不合时宜地说了一句。“嘘，别乱说。”晨夕说。堂兄笑了。

这么多年，我一直做农村题材报道，对农村是了解的。晨夕堂哥的工厂，严格来说，的确是一个违章建筑。不过，正是这些散布在田间的一个个小作坊，支撑起中国农村的经济增长，让本乡本土的村民们过上了相对宽裕的生活。当然得承认，这些作坊对耕地和环境是有影响的，好在我此行不是做暗访，而能顺便看一眼真实的中国乡村，算是意外收获吧。

堂哥带我参观了他的作坊。主体是一个高顶棚屋，既是仓库，又是车间，到处是红红绿绿的布匹和半成品。几个乡亲在一个角落头也不抬地干活儿。晨夕告诉我，堂兄是退役军人，某年去亲戚家串门，一眼瞧上了聪慧、漂亮的堂嫂，一心迎娶，奋发创业。本来小富即安，没想到婚后接二连三育得四个儿女（其中有一对龙凤胎），为了交罚款、买奶粉，不得不拼命扩建厂房，购置店铺，才有了现在这个规模。

晚饭时，堂兄兴致勃勃地讲述了他的"发家史"：如何批地，如何盖房，如何雇人，如何处理邻里关系，如何和浙江商贩斗法等，涉及很多农村的潜规则。他的故事为我构建了一幅中国农村社会化大生产的生动场景。"什么也不靠，就靠自己一双手，不受人管，不用看人眼色，有了这个家业，四个儿女，虽然辛苦，但我很满足。"他最后说。

在讲述时，最小的龙凤胎女儿坐在他腿上，乌黑的大眼睛一刻不停地瞅着我们，不放过每一句话。我猜测多年之后，她一定还会记得这个风雨之夜，家里曾来过一位陌生人；无论理解多少，这个记忆会刻在她心里。

晚饭后，堂兄一家散去，连那个古灵精怪的龙凤胎小丫头也哭喊挣扎着被抱走了。偌大的厂房只剩下了我和晨夕。

晨夕开始谈自己。她说，30 年的记忆整日在脑子里打转，很辛苦；梳理是迟早的事，只是不知道如何开始。

这句话激起了我的好奇心。这几年，我一直对农村精神疾病状况感兴趣，可惜从来没有机会实地采访。我请她详细讲讲她的家族；我想知道，在具有代表性的中原农村，一个家庭，有她母亲这样一位精神疾病患者会承受怎样的磨难。

晨夕沉思着开始谈。她的讲述，给我展示了一个家族在时代大潮下的爱恨情仇。

不安分的种子

母亲的病历显示，她首次发病就被确诊为精神分裂症。那一年，我七岁半。后来我才知道，其实至少两年前，也就是怀着弟弟的时候，她就已经出现了焦虑、被害妄想等一系列异常。

母亲的职业是教师，最初在乡里教书。22 岁生日那天生下我，而后申请从乡里调回村里的小学。小时候的我，总觉得上苍让我和母亲同一天生日，就是让我承继母亲的一切使命；也曾固执地认为，如果不是因为我，母亲就不会回到村里，与父亲烦琐的大家族产生纠葛。那样的话，或许她就不会发病，不会葬送自己原本美好的一生。她本值得拥有更好、更多。

从满周岁到四岁半，母亲把我放在外婆家抚养。外公在村外建了个园子，很大很偏僻。表哥、表姐偶尔来串门，其余时间我都很孤独。据说三四岁之前小孩子是没有记忆的，但我却对母亲每次看望我后，骑着自行车远去的背影记忆深刻，终生难忘。

我四岁多时，母亲怀了弟弟。问我意见，我说我非常想要个弟弟。我知道，母亲很想再要个男孩。她总说，一个女人有一儿一女才完整。弟弟出生那天，半夜我被啼哭声吵醒了。“妈，我弟弟呢？”“在这哪。”“真的是弟弟啊。”衣服都没穿就溜过去瞧。母亲常说，弟弟专挑好的基因，她就爱盯着弟弟看，说见到他第一眼时多么欣喜。不像我，从出生就不好看，落地还不会哭。

从回到母亲身边到母亲发病前三年，是我与母亲最亲密的时期。似乎每天都与母亲有说不完的话。除了上课，她忙到哪儿我跟到哪儿。做饭跟着，批改作业跟着，上学嫌我走得慢，就一路小跑也跟着。后来，大学里有个学长想表白，故意放慢步伐来适应我，第一反应居然是有点儿心酸。想当年母亲整日风风火火，我其实是很希望她可以停下来等一下我吧，哪怕一次也好。

母亲是位公认的好老师，教学严谨，责任心强。给学生改卷子，她会先标记出错误，课堂上再一个个“审问”。如果学生真的不会，就再讲一遍；如果是粗心大意犯错，那这人就惨了。

记得我生平唯一一次挨父母打，是在母亲课堂上。小学二年级，赶巧母亲教我数学，测验考了九十八分。“告诉我是因为什么错的！”“小数点点错位置了。”“自己站好。”只听“啪”！手指粗的棍子打在小腿肚上，我记得很清楚，五下。一周后，回到家中，偶然给母亲说到腿痛，她问怎么了，我说：“你自己打的，五道红印可还在呢。”母亲看了一下，向我道歉，说“以后不打了”；又说，“如果是别人家孩子，打坏了可不好”。

从识字开始，我就翻看母亲的书。印象深刻的是契诃夫的

《小公务员之死》、巴尔扎克的《欧也妮·葛朗台》，还有沈从文的《边城》。为了那个葛朗台，一个春天的午后，母亲在院子里给我讲了好久。我喜欢依偎在母亲的身边，那阳光暖暖、甜甜的，照得人陶醉。

曾经试想过，如果母亲当年不是置身于生计繁杂的境遇中，是否会不断滋养我那饥渴的灵魂？但终究还是没有。上初中时，这些书连同书架被老鼠啃得不成样子，索性扔掉了。我想，母亲扔掉那一架子书时，心里应是五味杂陈吧；毕竟被一起扔掉的，还有她曾经的希望与寄托。

母亲回忆说，小时候外公家教极严。外公稍微大点儿声说话，她都能紧张得缩脖子，但还是经常不小心打碎碗盘、茶壶之类。因为知道母亲胆小、敏感，外公也不敢体罚母亲。但整日看着兄弟与妹妹挨打，也够她受的了。

最先触动外公敏感家规的是小姨，她跟一个已经定了亲的男人好上了。漆黑的夜，闷声的棍棒打折了，跪地的小姨还是硬撑着。“快向你爸求个饶啊。”外婆已声音嘶哑。怒火中烧的外公拿起绳索勒紧了小姨的脖子，一丝微弱的话音飘过：“爸，求你留我一条小命，以后决不牵连这个家半分。”从此，小姨开启了她的“叛逃”，一生未曾领取她视为“牢笼”的一纸婚约。

小姨说，她不喜欢男人给她的世界，包括外公给她的。她可以盘起长发扣在帽子里，穿梭在满是男人的工地上搬砖漆瓦；也可以一头扎进满是棉絮的纺织厂织布制衣。当然，她也可以在领到工钱的几个月内拉上喜欢的朋友去挥霍。

花季时的母亲总是捡小姨剩下的衣服穿，难得有一件新衣，多少是委屈的。母亲一直以为，自己没有小姨漂亮、机灵，不得外公欢心，所以一直承受着这份不平等。

母亲生病之前的父亲，也是我记忆里最喜欢的父亲。每次赶集市，父亲总喜欢带着我，我会欢快地站在自行车后座上给父亲唱歌。父亲会昂着头说："我家这个野丫头，就是胆儿太大。"

儿时的我，喜欢看父亲做木工活儿。一片片薄薄的木皮卷曲着落下，摸起来滑溜溜的，还伴着木头本身的清香。最喜欢父亲设计家具时的样子，瓦数不高的灯打着我疲倦的双眼，非要死撑着看父亲用折尺、铅笔等画出一个个美丽的图案。大字不识几个的父亲，对图形与线条却有特殊的敏感。当年在工程队下劳力时，他曾用独有的纯手工图纸，协助工程师完成了所负责楼栋的水电工程设计。如果父亲稍微灵活与坚毅点儿，我想他不会因为自身学识不足，断然拒绝工程师提出送他去进修的提议的。

父亲无疑是踏实、勤奋的，一生都在辛苦付出。外出打工累出关节炎，背朝天晒脱皮。父亲又是个单纯善良的男人，具备现在"暖男"的所有潜质，但在彼时恶劣的农村生活环境下，却被认为缺乏些许血性，以及统领一个家族的能力。

善良是本性，这与你用尽力气去保护家人并无本质冲突。而父亲的善良是无底线的，他根本分不清楚别人是真的需要他，还是在利用和愚弄他。这样的性格注定会被人看轻，在一个大家族内必然没有威信可言。

我想我的内心也曾是极度分裂的。一个声音告诉我自己，做人做事要善良；另一个声音又说，一个连自己境遇都一团糟的人，对别人再善良，不过是对家人另外一种形式的残忍。但后来，我也渐渐懂得，或许也正是父亲的单纯心态，才得以保全母亲生病后的大半生吧。

最后一根稻草

母亲发病如果有诱因，大约是在学校处罚了七叔家调皮捣蛋的儿子。那个从小众星捧月的独子，因为口出污秽之词，母亲推了推他的头。这个力度并不大的处罚，最终掀起学校与家族两方的惊涛骇浪。母亲对外接受不了校方的批评，对内更无法理解家族成员对她的不尊，甚至辱骂与人身攻击。

我相信，当年的父亲也是气愤的，但最终只会劝母亲“息事宁人”。在日常的生活中，父亲遇事大都也是消极处理，母亲累积的失望与苦闷只会更多。很长一段时间，我都单纯而又固执地把母亲的发病，归结于父亲未能给母亲提供一个安稳、踏实的生活环境，归结于母亲当初执意要嫁给父亲，才会陷入她根本适应不了的大环境，最终导致此生的困苦境遇。

那天，苦闷的母亲原本只是想借个自行车出去散散心，劫难却已悄然尾随。滚动的车轮碾不走她现实的困苦，裹着雨水的秋风带不去她心中的哀愁。无数清晰的谩骂声、指责声充斥她的耳畔，无奈的她、失望的她、自尊的她、敏感的她无处倾诉、无人理解。在一个摊贩旁，小偷瞄上了她停靠的车子。那时，一辆凤凰自行车是母亲两个半月的工资，一家人小半年的口粮。秋雨连绵的夜，一个孤零零的身影不断追寻，向西向西再向西。终于，她迷失了回家的路。

母亲走失的一周时间里，父亲焦灼不安，动员了一切可以动员的力量去寻找。在母亲归来的那一天，我冲到大门外去迎接。我被机动四轮车上那个陌生的女人完全吓坏了，本能地退了几步。她已不是我那个原本刚强、开朗、知性、大方的母亲，成了一个陌生的、目光呆滞的、行为狂躁的女人。我眼睁睁地看着叔叔伯伯们把这个疯女人拖进家，她张牙舞爪地说着不着边际的话。最关键的是她不认识我，眼神中没有丝毫的停留。真的，不认识我了。婶婶大娘们把我拉到室外，我呆呆地在墙角听着一切。我听着那个疯女人貌似用凳子砸了父亲，听着他们把母亲捆起来。然后，我被大人们先送走了。

母亲第一次被送进医院的日子里，放学后，我围着学校的花坛转了一圈又一圈。父亲不允许我去看望母亲，说可以给她写信。于是我趴在花坛上用铅笔给母亲写信，“病痛吗？什么时候回来？我想你了”。

那些日子，弟弟白天放在伯伯家，爸爸一早骑车 40 公里路去医院，很晚才回来，第二天凌晨四五点再爬起来去医院。家里刚忙完秋收，院子里有很多粮食和机器，父亲叮嘱我看好家当。我乖乖地躺在院子的竹床上，看风吹叶子的摆动，看叶子搭成的轮廓，时而像兔，时而像狗，时而像凶猛的野兽。我把头蒙起来，竖起耳朵听外边的动静，等到天亮了，就帮弟弟穿衣服送他到大伯家。

成年后的我，第一次鼓起勇气完整回忆当年母亲发病的这一幕，强忍的压抑与不安令我伏案痛哭。这么多年了，我一直不敢面对。这个陌生女人的形象一个猛子扎进了我七岁的脑海，然后肆虐地蔓延了 20 多年。我希望我可以把现在的自己带入当年，一把拉过那个惊慌的小女孩，蒙上她的双眼，给她一个结实的拥抱。我希望我可以平躺在竹床上，陪伴那个不安的小女孩，一起看黎明前的月亮，迎接新一天的曙光。一次、两次、三次，可终究无法靠近，我就站在旁边眼睁睁地看着她的惊慌、她的无措，她的不安、她的孤寂。

母亲第一次发病后，小姨在我家破口大骂。骂这个家族对母亲的亏欠，骂父亲的无能，骂不争气的母亲瞎了眼非得嫁给父亲。姐妹之间的感情就是如此，又爱又恨。一方面会暗地里较劲看谁过得好，另一方面又接受不了对方过得比你惨。很多年后，我才觉察到，自己对母亲的感情又何尝不是又爱又恨。心疼她的付出，她的委曲求全，也同样痛恨她的逞能。既然是自己选择的路，为何还要轻易妥协？当一个个现实袭来，她节节败退，最终没把命运怎么样，反倒被命运给击垮了。而作为长女，我不得不仓促应战，及时填补她的空缺，与她的队友结成护卫家庭的盟军，与该死的命运提前进入殊死搏斗。

直至今日，当我追溯至此，才发现我倔强的母亲又何曾真正向命运低头？ 25 年中，母亲的病复发多次，绝大多数都是母亲变着法子减药造成的。一直好强的母亲，始终无法接受生病的事实，直到今年才在觉察到不舒服时，第一次主动要求去了医院。

20 多年里，她一直想靠自己的努力恢复正常，摆脱常年服药的耻辱，她以为她可以。她不想这么卑微和憋屈地活一辈子，不想愧对家人，她也想给予子女最细致的呵护，但大多时间她是做不到的。她控制不了自己去抱怨，感受不到家人对她的关爱，觉得生是件太过痛苦的事。那是一种生而不得、死而不能的孤独的痛。

命运是一个假命题

生病后的母亲曾说过，她这辈子最大的幸运是嫁给父亲。而很长时间，我都固执地以为，嫁给父亲才是她此生最大的劫数，就像曾经的我也固执地认为，命运只是一个假命题一样。但冥冥之中，该发生的总会发生，躲都躲不掉。直到有一天遇到自己喜欢的人，才觉察到父亲母亲之间爱的模样；长大后，也才慢慢懂得，其实每种性格都有其致命的诱惑。

茫茫人海，每个人都在找寻他内心最缺失的部分。在母亲的人生轨迹中，外公和小姨都是她的心结，她需要寻找一种平衡来弥补缺憾。外公过于强势与严厉，而小姨的漂亮与洒脱，深深反衬出她敏感的自尊心。所以，当母亲看到父亲第一眼，就懂得这个年轻貌美、善良体贴的男人，就是她此生最想找的那一个。后来我才知道，年轻时的父亲还是很招女人喜欢的。父亲说，母亲嫁得义无反顾，他此生都必须对她好。

追溯起来，父亲单纯善良、隐忍的秉性应是完全继承了爷爷。爷爷在家排行第二，在我的印象中，他是个埋头苦干、整天被老婆臭骂的窝囊男人。但在爷爷的葬礼上，整个家族的人都来了，三爷爷和四爷爷哭得痛不欲生。爷爷们哭着说，没有我亲爷爷，整个家族早就不存在了。

当年太爷爷被一起做生意的伙伴沉到井里，钱财被霸占。太奶奶独自一人撑家，交代下来的是“隐忍”二字。太奶奶过世后，步入官场的大爷爷耿直气盛，英年早逝。双亲与长兄相继离世，15 岁的爷爷，不得不隐忍抚养十岁和三岁的两个弟弟，直至他们成家立业。排行最末的父亲，一直牢记着爷爷善良、隐忍的教诲，同样也真正地承继了一种特质，“做人气血不能太盛”。

小时候，父亲看我跟他吵架瞪眼，就会拿大爷爷教育我。等到大一点儿，父亲撑得辛苦的时候，总说我骨子里就应该是个男孩。如果是个男孩，该多好啊，就可以把家早早交给我了。母亲因为生病没有能力再保护我；而母亲发病后，父亲对生活各种困局的处理，让我过早觉察到父亲也不是我可以依靠的人。从此以后，我的路只能自己走，我不会再有任何恣意妄为的资本，也注定要走一条与其他孩子不一样的路。

不知从什么时候开始，我的心里悄悄地住进了一匹狼，一匹微笑的狼。很多年，每次放假回家，父亲都会去车站接我，进入村子后我感觉他的腰板直挺了许多。我总是面带微笑坐在车后，从前街到后街。遇到曾经真正帮助过我们的人，我会真心打招呼，真心地笑；对于曾经冷嘲热讽或伤害过父亲的人，我也面带微笑，但我知道我的内心，在那一刻就是一匹狼，如果可以，一个猛扑就可以把对方撕碎。

生命伊始，我像一只饥渴的羔羊，渴望可以酣畅淋漓地吮吸母爱的甘甜，但似乎总在吮吸的中途，被活生生地扯开。不得不在外婆家等待母亲的光临，不得不退让于她的工作，不得不妥协于她的生计，不得不撕扯于她的疾病，不得不被她的儿子、我的弟弟分享。

我喜欢曾经那个富有灵气的母亲，渴望那个可以引领我灵魂的母亲。她可以不必照顾我的生活，也可以不懂我的世界，但至少希望她的精神世界是与我相通的。曾经就那么固执地认定，我就是她的一个魂魄，只是调皮地游离出来化成了人形，来壮大她的力量，达成她所有未完成的心愿。

可走着走着，通道的门在身后悄无声息地关了一扇又一扇。虽然她还是爱我的，但在心理上，我像极了那个被中途遗弃的小孩。不管她是被迫还是自愿，终究剩下我一个人。

我想，我是抵触这种剥离与孤寂的。但终有一天我要长大，不再那么眼巴巴地渴望索取，等待关注。既然所有的通道都已关闭，那就打包好行囊，独自一人嗅着味道去寻觅。

说到这里，已是深夜。晨夕的家离这还有一段距离，天下着雨，又黑，爸妈多次催促，她冒雨走了。我一个人站在空荡荡的房间，想了一会儿她的故事，打算睡觉。

我一定是被多年舒适的城市生活惯坏了，白天折腾了一天，不洗漱好像没有完成一个仪式，躺不住。雨还在下，耳边是隔壁房间晨夕堂兄的鼾声；我爬起来，走到院子里，借着飘落的雨水擦了把脸。回屋和衣躺下，又被蚊子咬得翻来覆去。就这样迷迷糊糊的，快天亮时，我在朋友圈发了一句话，“夜宿豫西农家，听尽一夜秋雨”，然后沉沉睡去。

天亮后，晨夕来接我。在村里的窄巷，坑坑洼洼、高高低低走了一阵，到了她的家。从外面看，一个非常不起眼的小院落。其他邻居都起了楼房，看得出她家还是贫寒的。

进了院门，感觉立刻不同。不到 20 平方米的小院子，有水泥砌的道路，两边是石榴、樱桃、柿子、梨树；枝叶茂盛的秋菊和月季，还未再含苞；闲置的土块上垄了几道沟，种着小葱和青菜；院角墙壁上爬着一株掉得只剩残叶的葡萄枯藤。

房子是红砖盖成的，颜色已经黯淡；房屋内，空间虽小，但收拾得整齐、干净。摆放和陈设井井有条，家具都是 20 世纪 90 年代老旧款，岁月留深，不曾叨扰。晨夕说，所有家具都是她当年亲眼看着父亲制作的。

因为晨夕预先通知过，她的父母已在等待。晨夕告诉我，她母亲知道我要来，惴惴不安，反复问：“什么时候来？什么时候来？”——这让我很内疚，感觉她妈妈是希望我赶紧来，好了一件心事。好在他们的故事晨夕已经讲过，所以我想我不必详细追问，只需静静观察一下就行了。

晨夕的母亲，在农村同龄女性中是一眼可以分辨出的。她面庞光洁，额头很高，给人聪慧的感觉；头发虽然花白，但一丝不乱，显出曾经受过很好的教育。不过，岁月和疾病还是在她身上留下了痕迹，她举止显得局促，眼睛虽然很亮，但眼神略见茫然和游移。

晨夕的父亲则是坦然而快乐的，自始至终，叼着一根香烟，嘴角露出满足的笑容。确如晨夕的描述，他长得很“有型”，50 多岁了，体形和面庞都还没有走样；他的眼神是明净的，显得心地善良而简单，给人一览无余、一眼望到底的感觉，这恰恰又是让晨夕曾爱恨交加、纠结分裂的。

谈了一会儿，因晨夕还安排上午去城里见医生，我们得走了。天仍下着雨，到村口还有很远。晨夕的父亲发动了他那辆农用机动三轮车，我们挤上去，“嘣嘣嘣嘣”坐到村口。

进城的人很多，车还没来。等车的时候，晨夕父亲从口袋里掏车钱，递给女儿。我看到他掏出来的是几元几角的零钱。不记得晨夕是否接了，因为我当时忙着用相机把这个离别的场景拍下来。后来，我把这张照片发给了晨夕，晨夕只说了一句，“他还是很帅喔”——很久之后，我才真正理解这一句感叹所蕴含的复杂情愫。

进城后，我和晨夕直接打车到医院，访谈晨夕母亲的主治医生。短短的谈话让我对中国基层精神科医生的看法有所改变。这位医生表现出良好的职业素质，她首先让晨夕签署了一份知情同意书，即授权她对来访者讲述患者的状况；随后，详细为我分析了晨夕妈妈的病因、病况和治疗过程，专业而清晰。

访谈中，晨夕听得很专注，不断插问。这也成为我和晨夕下一段谈话的契机。

一小时后，我和晨夕到一个茶馆歇息。我等待下一班火车去另一个城市。我夸奖晨夕，和医生谈话时，她的插问显出她对精神疾病已有相当深的理解。我问她，什么时候开始关注这方面知识的？是为了更好地帮助妈妈治疗吗？

晨夕回答：“既是为了我妈妈，也是为了我自己。”

略停顿了一会儿，她又补充：“包括要写这篇文章，是为妈妈，更是为我自己。”

我听了一愣。直到此时，我对这篇文章预设的主题还是农村精神疾病和亲人间的陪伴扶持。我意识到对晨夕的采访很不充分，而分别的时间快到了。

我赶紧调整思路，就这个话题讨论下去。最后的结果是改变了预设，文章变成现在这个主题——丢失的母亲。

母亲怎么丢失的？晨夕说，母亲在她童年时发病，对她的打击是灾难性的。幼小的她，需要的不仅仅是母爱，更是精神层面的引导。思想养分突然中断，比物质匮乏更加可怕。

十几岁时，她就从医生那里得知，母亲的病不排除遗传给她的可能。学生物科学的她，对母亲家族的身体特质心知肚明。幼年时，母亲发病的情形如影随形，恐惧与不安令她不敢恋爱，不敢跟朋友诉说。她由一个活泼开朗的女孩过早地变成了一座坚强的城堡。

今年夏天，她反复出现失眠、早醒，脖子疼、颈椎疼，情绪急躁，这个感受诱发了她两年前产后的痛苦记忆。她估计那时她应该算产后抑郁。她猛然觉得，离家多年后，她对老公抱怨、发脾气，说的话、脸上的表情，都和当年母亲一模一样。

“有一天，一大早起来照镜子，觉得那个人就是我妈妈。我吓坏了。”晨夕说。

正是从那时起，晨夕觉得，假设真的存在命定，她要抢在疾病到来之前，趁还清醒，尽自己的能力做好准备。她更想看清楚，那些曾令她惴惴不安的疾病也好，心结也罢，究竟都有多可怕。

“我拥有一个感情洁癖、让我痴迷又害怕的母系家族。”晨夕明白，命定的东西无法改变，她能做的是了解疾病，了解母亲，了解自己。她只能在力所能及的范围内，用自己的精神力量来拯救自己。

窗外，秋雨还在飘落。在这个慵懒而沉郁的午后，晨夕对我敞开了内心。于是我知道了一个背负着沉重家族重担的女孩，经历了怎样一个寻求精神独立的自救历程。

离抑郁如此之近

今年 5 月 28 日，端午节假期。我对老公，春，爆发了有生以来最深的抱怨。而后与父亲通话，闪烁的言辞令我敏感地捕捉到了不祥的信息。在确定母亲又住院后，我下意识地发觉，自己没有像以往那样坐立不安。既然已不过度害怕母亲的病，我想可以试着去了解它了。“爸，以后妈妈生病不用再瞒我，我撑得住了。”“爸，你辛苦了，请好假我就回家。”

曾经，我知道我离抑郁是如此接近。两年前儿子出生，产后第三天感染肺炎，后来又急性慢性腹泻交叉，反复呼吸道感染。半年内，我跑遍了全市所有医院的儿科门诊，儿子一不舒服，我就神经紧张。面对所有的情绪，不能给父母诉说，不能给公婆抱怨；甚至因分隔两地，也没有丈夫分担。

儿子五个半月大，腹泻痊愈时，我没有任何征兆地病倒了。拖着高烧又疲软的身躯，一个人去诊所，某一瞬间想，如果撞上飞驰的汽车，或许会轻松一些吧。

哺乳假期间，我被调换至偏远的新工作岗位。人情冷暖，你无力计较，却本能地失落。拖着整日昏沉的大脑，适应新环境。从个人价值，到晋升提拔，一路被碾轧。蜗居的空间，每日积攒的情绪，只能在班车上靠听音乐尽力调节。分不清身体所有的不适是来自新妈妈必然的疲劳还是抑郁所致，只记得在连续一周白天黑夜几乎零睡眠的状态下，担心自己会猝死。

后来，每天下班回家，除非必须出门办事，我根本不愿动弹。有一天，回到家躺在床上，双手低垂，忽然想象出手腕血液慢慢流淌的画面，冒出的居然是轻松感。被自己惊到后，用指甲狠狠地划向左手腕，疼痛瞬间赶走了可怕的念头。之后，每天回来，都刻意地带孩子一起侍弄花草，写写画画；利用上厕所或洗澡等一切时间努力调整自己。

这应该是我度过的最难熬的一个端午节。失眠比前一周加重，不是烦躁，就是简单的睡不着。由着自己的性子，想睡就睡，不想睡就不睡，一天加起来也睡不到三个小时。床上，地板上，沙发上，飘窗上；坐着，躺着；白天，晚上，能闭一眼是一眼。自成年之后，求学也好，工作也罢，都多少夹杂了出逃的味道。第一次有强烈的欲望，要游回母亲身边；哪怕只是静静地待在她身边，什么都帮不了，也什么都做不了；即使她疯了，傻了，不认识我了，也想要回到她身边。

从 20 岁到 30 岁，用宝贵的十年换来现有的一切，虽抵不过别人一出生就拥有的，至少还是理直气壮。可这之中，自己的心路历程却比常人要多出许多倍。哪怕我只能活够 60 年，至少下一个 30 年，要给自己一个完整的交代。我想清晰地看一下，长久以来，令自己恐惧、困惑的东西到底是什么。我需要一次全面的人生溯源，亲手打开所有的心结。

对遗传的焦虑

第一次意识到母亲的病有可能遗传，是在高一的生物课堂上。我最爱的学科除了数学，就是生物，尤其关于基因遗传。某次验算家族遗传疾病概率，思维迅速检索到的就是多年来耳熟能详的母亲家族里的爱情故事。如果说，爱是一种能力，那么掌控这种能力的，也必定是一种独有的生命特质。

这是个被下过情感魔咒的家族。为情疯癫的外公的堂弟，为爱自杀的外公堂弟的女儿，爱而不得出逃大半生的小姨，义无反顾嫁人的母亲，爱中撕扯十年终无善果的大表姐，还有情路坎坷、婚姻分合不定的大表哥、二表姐。在感情的道路上，每一辈总有人被折磨得遍体鳞伤。我爱他们每个人的至诚至真，被这个有感情洁癖的魔力家族所吸引；却也为之深深恐惧，那份灼热的痛。

高一寒假前一个月，母亲复发了，临近除夕才出院。那是我人生中最难熬的一个冬天。那段日子我内心极度不安，害怕当年所目睹的一幕再发生。恐惧那种感受，更害怕自己有一天也会变成那个样子。我无心学习，每天看着窗外发呆。漫天飞舞的雪花，让我想起母亲生我那天难产的情形。然后，我第一次做了关于迷失、无助的梦，至今记忆犹新。

弥漫的山林大雾之中，找寻不到任何人，不安之中掠过一个像极了父亲的身影，却转瞬即逝，拼命追赶又迈不开步伐，嘶哑着叫不出声……我把梦境连带那份不安写进了周记，老师说："读起来有感觉，但就是看不懂，不知道想表达什么。"我没有接话，想来那应该算我第一次用写作来自我排解，也渴望有人能真正看明白吧。

熬过中学，进入大学的那一刻，我对自己说，可以自生自灭了。前两年的大学生活，状态堪称"癫狂"，如今会不愿忆起那个曾经不管不顾的傻瓜就是自己。

疯狂至巅，沉寂至深。空闲的时候，那个自卑、焦虑、懦弱的自己会冒出来。自上大学以来，每次家里有事父亲都会打电话与我商议。母亲疾病复发，父亲的简单，无论哪一点，都是我致命的情绪燃点。那一刻，我会瞬间引爆，情绪失控；等冷静下来，又会自责、压抑、悲痛、无助。

无数个崩溃的夜，抱着篮球疯狂投球；或是躲到无人的角落偷偷地哭泣。一次在天台哭，突然害怕自己跳下去。大二那年，大伯去世，母亲犯病，几乎每天都在梦中迷失，夜夜狂奔。所有困苦都发泄似的被写进日记。待情绪平静，从来都没敢再看过写的内容，害怕有太多字眼扎伤自己的本心。一页一页地撕碎，或一张一张烧掉。看着它们沉落的遗骸，一个声音会跟我说："一切都会过去的，你很善良，你很好。"

大二伊始，申请助学贷款。父亲每个月会给我打 300 元钱，我每次都说够了。永远记得，用挣到的第一份大额奖学金交了二学位的学费，用挣来的第一份钱买了手机。它们在告诉自己："你拥有得起最好的。"

大三时，认识了春。曾经设想过自己将遇到怎样的另一半，简洁、温润、自信，如春这般。只是未曾想，一出门就能遇到，忐忑不安。我不确定这就是我想要的，也不确定他可以承载我的全部。

初冬的夜夹杂着潮湿的空气，有些凉，公园的喷泉已经关了。"嗯……还有一件事要告诉你，我不打算欺瞒你，"眼睛是望着前方的，我不确定春是不是在看着我的神情，"我妈妈有精神分裂症，医生说，不排除遗传的可能。"迎来的是停留的寂静，"这样的话，以后可能要计划一下，是不是可以不要孩子。"回去的路上，春没有说话，路过饼店的时候，他进去帮我买了一个。

春会记得我什么时候要充话费，提前帮我打印好准考证等。他春风化雨，一次次告诉我，我只是个小女孩，不需要撑起全世界。不再是东躲西藏，不再是夜晚、篮球场，也不再是日记本；终于有一天，我学会了面对活生生的人，光明正大，肆无忌惮，酣畅淋漓地哭。

巨大的落差

毕业后，我回乡当了大学生村官。周遭人的眼神中写满了鄙夷、嘲讽、疑惑。在家吃住的我，时常听到母亲的叹息。比起我给母亲带来的失望，我何尝能承受我曾最崇敬的母亲带给我的落差。至于这种悲哀，是源于母亲还是环境本身，都已不再重要。

计划做两年的大学生村官，我只待了一年零八个月；而后参加考试，辗转至南方，进入体制工作。当年的我别无选择。多待一刻，我都会害怕岁月无情，令我也像母亲一样，步步紧逼，直至无路可逃，俯首帖耳。

我原来的母亲，到底被什么悄悄地打败了？是疾病，还是罪恶的贫困？疾病抑或是贫困，最可怕的从来不是身体上的亏空，它们最最卑劣的手段，是对你思想的侵蚀，对你意识的强奸。你每前进一寸，它就削你一尺，直到你认输屈服，不敢出头为止。

初到南方的日子，一直觉得肉身留存至此，而自己的魂，零七八碎地游荡着。开始学着收住性子，按部就班地讨生活。春说："你在一个地方不开心，换一个地方还不开心，不是城市有问题，就是你心态有问题。”

我在外省工作，弟弟在外省上学，身边没有子女陪伴的母亲，又赶上更年期，情绪异常低落。每次打电话，怀揣着对家乡的思念，最后都会很伤心地挂掉，思乡成了一种奢侈。

每次通话，母亲最好的状态就是听到她说：“不知道讲些什么，给你爸讲吧。”大部分时间，母亲都会感叹：“活着没有意义，活着好累，你为什么要离我那么远？”

长期的负面情绪之于我，无疑是一种强烈的干扰，而每次还要强颜欢笑去开导母亲。那种与亲生母亲周而复始、不眠不休，走近了会痛、会窒息，离远了又会疼、会内疚的折磨，谁能真正体会？

母亲的一双儿女，她担心的还是弟弟。思想直线退化的母亲，看到的只是弟弟刚工作时的低薪，忧虑他娶妻生子问题。每次打电话，不是抱怨“读书还不如打工”，就是让我帮忙安置弟弟的房子。

情绪最崩溃的是听到母亲说，她好累，她想死，要把弟弟托付给我。一瞬间，我气血上涌：“你死了，我什么都不会管，那是你的儿子，不是我的。如果你想看着你儿子去受苦，你就先走。”待情绪平复，我又会让父亲联系医院，复查住院还是调药；掉过头再去安慰母亲，告诉她一切都在我预想之中，很快就会实现。

在外的孤寂，事业的不顺，生活的焦虑，对家乡的思念，我都不能给家人诉说。更大的孤寂是，恰巧买到了能买得起的房子，也根本无法真正与家人分享喜悦。父母不会心疼你背后的付出，而会直接刺激他们念及儿子还一无所有。母亲，终究是逃不出那块贫瘠了。

我不懂，曾经那个主张男女享有平等权利的母亲哪里去了？那个每次回家都先关心我“在学校待得开心不开心”的母亲哪里去了？我不停地在寻找答案，在等待一个答案，每次换来的都是杀人于无形的内伤，连伤口的鲜血都要一口口生吞下去。每次挂完电话的我，都会号啕大哭，世界都是塌陷的。

母亲常说，弟弟与我不同，我所经历的，他都没有能力承受。我想我的确与弟弟是不同的。我努力地吮吸母亲所给予的灵魂养分。而令母亲深感自责的是，她一直没有太关注我的生活，所以就想在弟弟身上尽力弥补不足。此时母亲的灵魂，在长久与生计、疾病的撕扯中，已经越来越干瘪。

与命运握手言和

首次与父母公开对话，是缘于春的一席话。“每个人都有自己的职责，即使是父母或是兄弟姐妹，也都有各自应承担的责任与义务。”过去，我总觉得，父母过得不好是因为我不够努力，还不足以拯救母亲；也是因为自己不够好，所以才不能更好地帮助弟弟。现在我发现，我把自己绑架到了一个制高点，怎么也下不来。

第一次与父母推心置腹谈话，我说，从他们想把家交给我，想把弟弟托付给我，我就感受到了自己的担子。曾经自以为无所不能的女儿，在现实面前，渐渐感到体力透支，根本无法承担，“我让你们失望了”。

父母毕竟还是爱我的，只是多年来，他们从未想过，看似铜墙铁壁的女儿，原来并不是那么战无不胜。待各自情绪平复后，开始设定每个人在家庭责任中的分工，这是我必须狠下心的第一步。一切都没有想象的那么难。母亲没有因此崩溃而住院，父亲没有感到伤心失望，弟弟也没有责备姐姐的自私与无能。

今年升级为母亲的我，第一次近距离地陪护住院的母亲。6 月 3 日，从南方归来赶至医院。入院第一天，当发现自己并没有想象的那么恐惧时，我在朋友圈写下了“与命运握手言和，不抗争，不妥协”；然后开始重新审视自己的过往，以及周遭的一切。

只要是母亲想吃的东西，父亲必定都会捧来给她；母亲羞涩地在我面前展现她少女般的笑……看着父亲对母亲每日真切地呵护，我再一次反问自己，如果有一天，自己病了，能否享受这般的怜惜与待遇？

一直以来，我都在时刻警醒、调整自己，不让自己陷入母亲那样的境遇。买保险也好，金钱储备也好，都是想在极端的情形下，力求把对亲人的伤害降到最低。至于自身，我想到的只有消逝。从来不敢设想，万一到时死不了，那又是怎样的情形？

曾半开玩笑地问过春：“如果有一天，我也发了病，你怎么办？”“你有我，不会的。”“万一呢？”春诡笑着说：“你猜？”“那样的话，你会再找一个，然后我的儿子，我的男人，我的钱就都是别的女人的了。”“你说得一点儿没错，所以你要好好活着才行。”

今天的我认识到，对于母亲的疾病，父亲确实应当负一定的责任，毕竟环境诱因是至关重要的。但全责怪父亲也没有道理，父亲首先是一个人，其次才是一个男人，一个父亲。作为一个人，面对家庭的突然变故，他也本能地手足无措，想寻求依靠。

作为精神疾病患者家属，最痛苦的莫过于日夜被侵蚀的折磨。事事需安抚，事事需迁就，不正常时的疯狂，正常时的忏悔，周而复始，每一项都不是常人能理解的。25 年的侵蚀，足以把周边的每一个人拖下深渊。

是的，身为子女，我们可以选择逃离不堪的家庭，去上学或工作。在茫茫人海，至少我们有自由去寻找弥补空缺的机会。而身为丈夫，父亲不能有片刻停息，最崩溃时也只是出去多抽两包烟。

这么多年，父亲几乎都没让我们姐弟俩去过医院，即使去也是在母亲基本稳定的时候。父亲其实一直在尽量降低对孩子们的伤害，维护一个母亲的良好形象与地位，努力营造一个正常的家庭。无论我们走多远，父亲都只有一句：家里有我，万事皆好，照顾好自己。

父爱，不仅仅是生活中的照拂，更是一种潜移默化的精神力量，一种可以赋予你爱的能力。正是父亲对母亲无微不至的深深爱意，让我拥有了判断爱、珍惜爱、经营爱的能力。虽然曾经的我从不知晓我具备这些能力，我如今完全可以驾驭得好这些能力。面对命运曾经的伤害，爱又怎样，恨又如何？它没有给你一手好牌，但并不能成为你不认真生活的借口，更不能因此而把自己的人生堕落得稀巴烂。

寻找真实的自我

回家调整两周后，睡眠基本恢复正常。伴着心结的渐渐疏解，我开始重新打理那个一塌糊涂的自己，拾起被生活摧残一地的自我。

溯源途中，我对母亲疾病的诱发、病理以及防治有了更全面的认识；对父亲母亲有了更深层次的理解；也让自己感受到从未有过的探究过往的勇敢与无畏。

自我梳理中，我逐渐认识到自己的问题所在：母亲当年的发病、我对父亲的误解、关于疾病遗传的心理暗示、心无居所的漂泊感——都会引起我的情绪波动，令自己恐惧和无奈。

一些尘封的过往，久久不能释怀的心结，分析、解决、消融，过眼云烟般地自行消失。你仿佛看到了一个越来越清晰的自己，简单而美好。

我人生的前 32 年，是活得拧巴的 32 年。我无法接受母亲病发对我母爱以及灵魂养分供给的突然中断，抗拒在日积月累间，母亲被生活与疾病撕扯后思想的支离破碎，依恋着她过往的知性、坚定、自信、果敢，久久不愿被生生剥离；眼睁睁地看着她软弱、畏缩，被陈旧思想深深束缚，自己却势单力薄，无力拯救；自责、愧疚、无助，无处安放。

我的内心是分裂的，对所有不满充满了恨，即使是曾经深爱的父亲。不愿接纳父亲生活困局的专属性格，不理解父亲母亲的婚姻结合，甚至把母亲的发病归咎于父亲。因为疾病也好、贫困也罢，我都深深地抗拒它们给我带来的思想禁锢与无助。

我恐惧陷入母亲般的生活困局，甚于疾病本身有可能带来的生物基因。不管是哪一种，我都不甘心被命运一次次踩在脚下，听它发出轻蔑的笑。一头狼在内心撕咬，嚎叫，却又要劝自己善良地活着，渴望得到温柔与爱。就像坠入地狱的恶魔，只要有一束光，就足以起死回生，重返人间，化为美好。

其实，我努力的方向一直都是错的。面对生活的困局，一个人其实不必承载全世界。所需要做的，只是尽力把自己以及周遭处境导入良性循环。即使走得慢一些，但终究是前行的。当你着力点准确，你才可以确保不被责任、生活打趴下。等你足够强大、有力，可以拉动的就不只是自己，还包括家庭、家族，甚至更多。

所以，大可不必一味地把情绪妖魔化。问题还会有，冲突也会不时发生，但都要更理性地着力、发力，抱着解决问题的态度去处理工作、生活的事情。所有的一切，将会简单而清晰。

就在昨天，母亲突然问我：为什么会想起来联系人来家采访，而且还要去医院？是不是你哪里不舒服了？

怕母亲担忧，我没有正面回答。母亲接着说，“从小到大，只知道你被我的病吓到了，整天担惊受怕的。从没有意识到，家里的事还有弟弟的事都是你的精神负担”，“不要介意工作的调整，不要在意家庭的细节，努力工作、生活，但都不要强求”。

我强忍着眼泪，听着母亲的话语。那一刻，我知道，那个曾经“不关心结果，只在意我每一天过得开心不开心”的母亲；那个曾经对我说“只要今天比昨天做得好”的母亲，在百转千回间，又真真切切地回到了我身边。

较之母亲，我是何等幸运，有机会把一切都归尘于我的前30年；而后轻装上阵，更加坚定、从容地拼尽余生，活出属于我和母亲两个人的精彩。

其实，命运从来都不欠我什么，倒是我一直欠它一个温暖的拥抱。冥冥之中，它一直在默默地赠予我那么多美好，而我偏就是不领情地固执地活着。“自此，我与你握手言和，不抗争，但也不妥协。谢谢你，曾经赋予我的一切。”

晨夕讲完了。

“在母亲患病的25年里，从小女孩起，一直到成年，我无数次在内心找寻母亲最初的模样。多少次午夜梦回，迷失于茫茫黑夜，寻不到家的方向。一次次追溯，一次次寻觅，一次次搭救起曾经遗失的自我，却还是到不了，梦最开始的地方……”

说这话时，她目光迷离，仿佛灵魂已经飘荡到很远的地方。

蓦地，我脑海里涌出一幅绮丽的图景：大海中，有一种鱼，叫“鲑鱼”，幼小时成群结队，从淡水河顺流而下，游入大海；

成熟之后，依靠对母亲味道的本能回忆，克服一切阻碍，逆流而上，返回出生的河流，交配、产卵，孕育出的新生命，开启新的生命旅程。

千回百折，归入大海。

在谈话的最后，晨夕说，她曾无数次地为自己营造过一个梦境：小时候，在外公的园子里，她趴在高高的枝杈上，去摘够娇艳欲滴的桃子……

在她的想象中，有这么一段对话：

“小心点儿，不要摔下来了。”

“不怕，你会接住我的。”

“一只小馋猫。”

“我想摘一个给妈妈吃。”

“摘好了就下来吧，外公接着你。一会儿，妈妈就要到了。”

温婉的风吹落一路的尘，急促的车铃清脆且美好。

“看，妈妈回来了。”

（本文自述部分为晨夕所作）

内心之旅

瑞娟很忙。她是一位独立心理咨询师。所谓“独立”，是指不依附于任何机构，一个人做咨询。因为业务量不算大，她没有单独租用场地，有人来访，就约在某个固定地点会面，她出一些场地费。她还在几个大学兼职，为在校生做心理咨询，有时也会受邀带领工作坊或者做团体治疗。就这样忙忙碌碌，作为北漂的她，渐渐在北京的咨询师圈子站稳了脚跟。

她每天的生活分成几大块：咨询、读书、督导、会友休闲。咨询是本职，读书是为了自我提升，督导是接受更高级别心理咨询师的指导。心理咨询师不是一个轻松的职业，需要专业能力，需要社会阅历，需要能读懂人心，因此师友的督导和交流是必修课。她每天 7 点多起床，和合居的小姐妹们说说笑笑，吃点早饭，然后看书、写文章；如果出门，她会安排得很满，一跑一天。晚上回来，很累，但还得抓紧时间补上一天的咨询记录，或者整理督导笔记。就这样忙完，已是深夜，赶紧洗漱休息；等一睁眼，新的一天又开始了。

闲暇时刻，她也会和朋友喝茶聊天，一起聊聊关于生命成长的话题。

不过，辛苦归辛苦，她还是认为，现在是她一生中最好的时刻——“80后”的她，从小罹患神经症，在成长中饱受病痛折磨；有如浮萍，在人海中浮沉漂泊，无所依归。直到这一年，和一群志同道合的朋友在一起，身心才逐渐安顿下来。

我和她认识快两年了。她是“渡过”公众号最早一批读者，很快从读者变成了作者。在给我的信中，她开诚布公地承认：“我从14岁陷入抑郁、焦虑、强迫的泥沼，到最近几年渐渐走出，并成为一名心理咨询师，这漫长的疗愈过程有太多的感受和体会。”

尤其打动我的是这几句：“曾因病耻感不能述说，长久以来成长得很孤独，一个人在黑暗中默默努力，现在想来也是一份对自己成长经历的不接纳。通过书写，希望得到一份梳理和沉淀，同时将治愈的信念传递给还在痛苦中挣扎的伙伴们。”

我很意外。我当然知道病耻感在中国社会根深蒂固，但从一位咨询师口中听到这样的话，仍让我震撼。

再后来，我和她日渐熟悉，时常切磋；考虑本书时，我顺理成章地把她列为采访对象。我觉得，她兼具患者和咨询师两重身份，对疾病的体验细腻深刻，对心理学理论有足够了解，对个人治疗方案的选择也切实可行。我希望通过她的故事，能从专业上给读者以启发。

因为同在北京，见面不难，我对她的采访很随意。某日，得知她要出门咨询，我说想跟着看看。于是，我们约在护城河畔一个地铁站见面，步行前往。

北京的冬日冷冽而清爽，天地之间显得简洁。风呼呼刮着，黑色的树枝映衬着蓝天，像青瓷上的冰纹。我们沿着护城河畔缓缓而行，她第一次完整地对我讲述了她十几年的往事。

我的家庭和成长

我出生在一个普通的工人家庭。我的家庭很孤立也蛮封闭。妈妈的父母早亡，她一个人嫁到另外一个城市，与家人很少来往；爸爸的妈妈在他两岁时去世了，爷爷再娶，后母又生了 4 个孩子。他小时候没少挨打受骂，性格是胆小怯懦的。

爸爸内心细腻。小时候，是爸爸陪我一起玩，宠着我、惯着我。爸爸善良本分，一辈子老老实实做工人，精打细算勤俭持家，把我供到研究生毕业。我对爸爸眷念很深。

但爸爸对我又很严厉，比如，责打辱骂、否定不信任、回避我的情感需要等。我后来这样分析爸爸：因为从小和后母生活在一起，他是被忽视的，情感难以得到满足，成长中有许多创伤，所以内心种下了一个信念：他是不被爱的，他是无能的。这样的信念不可避免地通过各种方式传递给我。

这似乎和前面说爸爸宠我、爱我有矛盾。后来我明白，我在一定程度上也满足了爸爸被爱、被需要的心理需求；同时，他的爱中包含太多的焦虑、太多的不信任、太多的控制。这份爱的品质需要优化；但是，他尽力了。

我的妈妈有着神经质素质，安全感不足，固执敏感，容易为小事担忧，遇到不顺心的事爱抱怨指责。小时候感觉她总不快乐，下班回来脸色总不好。

那时候她上三班倒，上中班时上午在睡觉，上夜班时白天也在睡觉。我小时候的印象是她总躺在床上。我后来抑郁时想到，难道妈妈那个时候也抑郁？后来问她，她说不是，只是因为上班辛苦，要补觉。

小时候，我和妈妈关系紧张。她心情不好，对我自然没有好脸色。长大后学了心理学客体关系理论，其中说，如果妈妈是坏妈妈，是坏的客体，那么必然有一个坏自体，即自我感觉也一定不好，觉得自己很差劲才不被妈妈爱。我想这是我这么多年自卑如影随形的肇因。

近两年，我对妈妈的看法有很多改变。从小妈妈为我洗衣做饭，任劳任怨，已经付出很多。在婚姻中，她也有很多委屈羞辱，无人诉说，不懂得处理自己的情绪。曾经我以为她不爱我，后来渐渐发现母爱是本能，即使常常被她自己的恐惧焦虑所障，在一些重要时刻仍然会表达出来。

比如，我上高中时，鼻塞两年，父亲总推托说是感冒。母亲看我痛苦，果断带我去医院检查，做了一个小手术就好了。后来我在北京，有一次脚崴骨裂，妈妈不计前嫌来照顾我两个月，每日为我做饭洗衣，晚上给我揉脚。她以行动一点点消融着我们彼此的隔阂。

上大学后，我离开家，每年只回去一两次，父母的生活已经离我越来越远。在不断的疗愈成长中我改变了很多，而母亲也有改变成长，只是过去我从来没有好好了解她。

毕竟是母女，有些品质是相通的，比如坚强、韧性。现在我越来越能够接纳母亲，我认为这是疗愈的重要标志之一。你不可能一方面说自己好了，另一方面又在怨恨父母，认为“父母皆祸害”。父母始终是自己的一部分，没有和他们达成和解，也就没有和自己和解，势必还在分裂和痛苦中。

小时候，父母吵架、打架是常事。这样的环境对孩子早期成长是很不利的。年幼的孩子需要一个安全稳定的环境，供他们安心确立自我，探索外界。父母情绪稳定，自我满足，孩子不用担心父母哪天心情不好把怒火转嫁到自己头上，也不用害怕父母吵架家庭会分崩离析。有爱的家庭，孩子可以完好地发展自己。

我天资不错，从小就很聪慧。因为成绩好，老师让我做学习委员，可我不满足，还要求当班长。我敢于管理，用精神分析的话说就是“超我”很强，这缘于我从小内化了父母教给我的很多“应该、必须”。刚开始也在同学中树立起威信，我心里很得意。

可是到了初二、初三，我那套当班长的方式已经不能起作用了。我习得了父母对我的管束方法，对同学大喊大叫。这时大家都已经进入青春期，逆反心理很强，对我的做法当然不买账。我感到很挫败，觉得自己当不好班长，是自己不好；立刻走向反面，变得封闭退缩，由超级自信转向全面否定自我。可以说，我之前各个阶段，婴幼儿期、儿童期心理发育的潜在问题，在青春期这个动荡不安的阶段全面爆发了。

在学校苦闷，在家里情况也很糟。我和父母的冲突日益增多，不能忍受他们的批评、挑剔、否定、指责。初中三年级，发生了一件事：有一次，我和父亲分歧严重，他非常生气，掐住我的脖子。我感觉他像是要把我掐死一样，非常恐惧。

从那天起，我发病了，变得爱哭，不爱说话，早上不想起床，不想做事。我发现自己的脑子乱了，一下子涌入很多无法控制的想法。

那时我不知道自己怎么了。很痛苦，但在学校表现不出来，只是不爱说话，形单影只。在家里，我大哭大闹，说很难受，爸妈问究竟哪难受，我又说不出个所以然。

后来我也绝望了，只能默默忍受，坚持上学。中考时，居然还以全市第一名的成绩考上高中。这份荣耀带给我一点儿宽慰，可是又把我进一步推向心理问题的深渊。

我是全市第一啊！面对全班、全年级，甚至全校的期待，我承受着超乎寻常的压力。很多新症状出现，头闷变成头痛，注意力不集中，反应迟钝。尽管如此，我只能变本加厉地逼迫自己学习。我担心成绩下滑、落后，整个人变成一口充满压力、焦虑、恐惧的高压锅。

压力之下，我只有靠吃东西来缓解。最夸张时一顿吃 4 个馒头，高中毕业时我体重 160 斤。就这样苦挨着，我考上了一所名牌大学。

上大学后我才开始正视自己的疾病。后来我无数次总结我得病的原因，用了七八年，才渐渐明白自己是什么问题。

当时的我，几乎什么症状都有：焦虑、抑郁、强迫、社交恐惧、躯体症状；还出现过惊恐发作、短时的现实解体。从专业诊断分类上讲，我得的是神经症。在 CCMD-3（中国精神障碍分类与诊断标准第三版，2001）中，神经症被定义为一组主要表现为焦虑、抑郁、恐惧、强迫、疑病症状或神经衰弱症状的精神障碍，包括以下几种类型：恐惧症、焦虑症、强迫症、躯体形式障碍、神经衰弱和其他神经症。

神经症的一大特点是，没有神经病理形态学改变，即患者没有器质上的病变，只是功能上的异常。比如，我因为头疼去做过脑部 CT，并无问题；我的注意力不集中、记忆力减退、胸闷等生理症状，也主要是焦虑情绪所致。

我为什么会陷入焦虑

首先说一说我的焦虑。

我天生性格敏感，情感细腻，喜欢安静思考，从小对学者很崇敬。神经纤细敏感如我，如果在一个温暖平静的家庭长大，也许会一路读书，成为一个大学老师，过着单纯、安静的生活。

然而幼年家庭环境动荡，我这样的神经特质，一定感受到太多的不安和恐惧，进而发展出很多神经质的防御应对方法。小时候，我喜欢咬指甲，指甲盖都是秃秃的，后来血肉模糊。即使如此，还是接着咬，因为疼痛可以缓解焦虑、恐惧等内心痛苦。现在有些家长动辄怀疑孩子是不是有多动症、感统失调，其实可以问问自己：夫妻关系和谐吗？家庭氛围温暖吗？孩子有安全感吗？而不是急于给孩子贴各种标签。

从精神分析的角度看，焦虑可以追溯到儿童早期的不良教养方式，这是神经质人格的基础。回忆我小时候，父母嗓门都大，控制欲强，用呵斥的方式让我听话，现在想起来我还会身体紧张。做错事爸爸会指责我半天。不允许犯错造成我完美主义、容易自责的心理，害怕做错事被批评。

父母也有他们的创伤。对人不信任，害怕被骗，认为世界上没有那么多的善意。我从小耳濡目染，也觉得外面是危险的。

我为什么会陷入强迫

强迫是焦虑障碍的一种，以强烈的焦虑体验为表现。患者因为内心的不安全感，发展出种种匪夷所思的症状，有强迫观念和强迫行为之分。强迫患者内心是苦不堪言的，首先，强迫本身就是种种担心害怕；其次，强迫症是强迫与反强迫并存，是对种种强迫的不接纳、不允许，这又增加了新的焦虑。

我陷入强迫不难找到原因：父母的教养方式、天性敏感、完美主义；到了青春期，自我意识增强，觉得自己不可爱，追逐理想的我，对现实的我抑制打压；遭遇巨大创伤，加剧了自己的不安全感；为了找到虚幻的安全感和控制感，就形成“执着”的特质，而“执着”是我所接触的所有强迫患者的典型特质。

强迫之痛真是难以用语言表达，常常和焦虑混在一起，不易发现。我用了大概九年，直到被强迫折磨得不行了，才发现自己有强迫的问题。

当我意识到它们，“敌人”从幕后走向前台，我对未知的恐惧才会减少；同时学习与之共处，尽量减少它对我生活的影响，我才慢慢好起来。

我为什么会陷入抑郁

焦虑、强迫、社交恐惧、惊恐发作我都经历过，我被折磨得死去活来。这些痛苦的体验让我产生悲观消极的想法，觉得自己没救了，一辈子都这样了，未来一片黑暗。死亡焦虑扑面而来，将我打入抑郁的深渊。

再往前追溯，童年成长缺失真正的爱，我只能通过学习成绩得到弥补。我考到全年级第一名，得到老师的称赞、同学的羡慕，这种感觉很棒。有了这样的体验，我害怕失去，如果考不到第一名，我就会恐慌、焦虑。

我的内心住着一个寂寞空虚的孩子，她在哭泣，渴望有人能够看到她、理解她、尊重她、接纳她，而不仅仅因为她听话或者考得好才肯定她。

依靠成绩获得唯一价值感是危险的。当有一天成绩失去优势，自我就会坍塌，相伴而来的便是抑郁。即使成绩一直很好，也会因为没有活出自己，感到空虚无意义而陷入抑郁。

在这一点上，我是幸运的。我的好成绩维持到大一，之后的专业心理治疗帮我探索自我，重新认识自己。我发现了内心真正的渴望，据此做出未来的职业选择和人生规划。而现在我就在这条路上前行。

我觉得父母对我最大的伤害是会说一些非常贬低人存在感的话，比如，“这么个娃娃，养了做什么”“我命苦，怎么生了这样一个娃娃”。他们只是随口一说，但这样的话是最有杀伤力的，因为它抹杀了整个人的存在，让你觉得没有存在的价值。

我从 14 岁陷入抑郁焦虑，难受时在家里大哭大闹，父母也不知道怎么办，家庭氛围很沉闷。母亲会皱着眉头无奈又带着指责说：“都是因为你，我一整晚都没有睡好觉。”父亲会说：“你怎么变成这样，我看了就想躲。”

这些话像刀子一样插在我心上。连父母都想躲着我，我一定是个不好的人吧？我内疚、羞耻，渐渐不再向父母发泄，把痛苦深埋在内心。

说到羞耻感，它在很多心理问题中都存在，甚至是引发和维持这些心理问题的核心情感，比如，抑郁、焦虑、社交恐惧、强迫、暴食等。在这些心理问题背后，病人都有一个核心信念，即“我不够好”。用精神分析的话说，就是把攻击转向自己，自责自罪。这是羞耻感使然。羞耻感让人觉得“都是我不好”；内疚感是觉得“都是我的错”。后者是“我做错了，我的行为有问题”；而前者是“我不好，我这个人很糟糕”。

美国心理治疗大师约翰·布雷萧写过一本书《家庭会伤人》，他出身于一个酗酒家庭，受心理问题困扰多年，最终疗愈并成长为一位心理治疗师。他称“羞耻感”为灵魂之病，当感受到羞耻时，内心会有一种很尖锐的痛苦，表现出来的往往是暴怒。因为愤怒看起来有力量，更容易被自己接受。

现在我分析，父亲就有很深的羞耻感。我 14 岁那年，他在愤怒之下掐我的脖子，也许就是羞耻感使然。这不难理解，心理问题常常代代相传，父亲有痛苦的经历，他对我的贬低、否定、指责，同时也是他对自己的态度。

羞耻感往往形成于生命的早期。一般来说，父母不会在孩子小的时候温和、有爱，等孩子大了突然变得苛责暴虐。不过若真的如此，孩子倒是幸运的，因为他在生命早期获得的滋养能一定程度抵御长大后遇到的风雨。

有一个著名的心理学实验，叫作“面无表情”实验：妈妈抱着婴儿，一开始妈妈对孩子的表情做反馈，孩子笑的时候她也笑，孩子手舞足蹈的时候她也附和，这个时候孩子的表情是生动的、热情的。之后妈妈开始面无表情，无论孩子怎样笑啊动啊，甚至尖叫，举起双手在妈妈眼前晃，妈妈都没有反应。过了一会儿，孩子变得手足无措，大哭起来，情绪彻底崩溃了。

这个孩子内心发生了什么？这里需要引入一个心理学概念——镜映。人类通过照镜子知道自己的肉体存在，那么怎样知道自己心理的存在呢？婴儿并不知道自己的内心发生了什么，只是跟随本能表现，这个时候需要外界有一个人像一面镜子，映照出他内心发生的事情。婴儿笑她也笑，婴儿朦胧地感觉到：哦，我高兴了；婴儿饿了，哇哇叫，妈妈就把乳头送上来，孩子就会感受到刚才是饿了——这样一次次镜映，婴儿一点点地丰富着自我意识。在每一次回应中，孩子感受到自己的存在；反之，孩子会因感受不到自己的存在而渐渐丧失生命力。

如果妈妈不能很好地镜映和回应小婴儿，甚至，当小婴儿哭闹不安静时，她流露出烦躁、厌恶的表情，小婴儿会隐隐感觉到自己是不被喜欢的，不被接受的。这种体验多了，等再长大一点儿，当小婴儿想哭想闹的时候，就会升起一种羞耻感，觉得自己不应该哭，那样是不好的。

父母或者其他抚养者，都是回应小婴儿的那面镜子，能够帮助小婴儿形成强有力的自我，感受到最初的信任，从而建立起内在的根基，这是其安身立命的心理之锚。如果因为外在的原因，孩子开心时无法得到母亲充分的“镜映”；不开心时无法得到充分的接纳，这个孩子会觉得他的一切都是不好的；他对于自己是谁不那么确定，对展示自己有所迟疑；他可能表现得很听话，但在他内心深处并没有形成一个稳定的自我。

用客体关系心理学来说，重要的人会在孩子心里形成客体表征。如果父母严厉，惯于指责、否定，孩子内在的客体表征就是严厉的。与人交往，他会表现出敌意或者回避、退缩，而对方感受到他的敌意，真的用不那么友好的方式对待他，就验证了他的预设：看吧，别人就是这么严苛的，就是会挑剔否定我的。相反地，回避退缩可能发展为社交焦虑。

大学时代的疗愈

我的焦虑、强迫、抑郁形成于中学，直到上了大学，才开始摸索着走上疗愈之路。

现在想来，还是很遗憾：如果我一开始有足够的精神健康知识，及时治疗，就不会让症状发展得越来越多，越来越复杂；也不会耗到成年后，用十五六年的时间才走出来。

第一次接受正规的心理治疗是在大二。心理咨询老师采用心理动力学的方法，主要方式是倾听、共情陪伴，促进反思洞察。从小到大我压抑了太多的情绪，第一次有人能够耐心倾听，无条件地接纳我，对我的帮助是巨大的。

一年的心理治疗后，我开始形成精神分析的内省能力，能够反思自己的行为、想法，洞察可能有问题的思维、情感和行为模式。

觉察是改变的第一步，康复仍然长路漫漫。这位知性睿智的心理治疗老师给我做女性榜样示范，让我穿裙子，打扮自己，慢慢变得像个女生。这是大学心理治疗的收获。

当然，反思大学里接受的心理动力学治疗，也觉得有局限。

首先，没有发现我有强迫的问题。长期以来，我被一种无名的焦虑所控，脑中有纷扰的恐惧念头，一直不知道是怎么回事儿。起初我只以为是抑郁，如果咨询老师能够明确告诉我这是强迫，我的内心会确定很多，而少很多恐惧。后来看一篇文章说，强迫比较难发现，尤其是强迫观念。我释然了。到了研究生阶段我才发现。强迫很严重时，整个人被恐惧控制了，无法做事。正常人想到什么马上去做，我是想了很久也没有行动，这已经发展成一个习惯。

发现自己有强迫之后，我找大量的资料来看，研究生论文也研究强迫。对强迫越了解，内心就越有确定感、掌控感。

当然，只了解强迫是不够的，更重要的是行动。强迫症是因为内心的不安全感幻化出种种焦虑、恐惧念头，要消除这种不安全感，就要在生活中不断实践和体验。我真正走出强迫是在研究生毕业后，不得不走出象牙塔谋生。治疗强迫的办法，就是一手接纳，一手行动，对此我深有体会。

另外，心理动力学治疗强调来访者领悟，不布置家庭作业；治疗师不会要求来访者行动，这对于当时的我不太适合，也许对大多数神经症患者都不适合。原因是：焦虑、强迫患者往往被内心的情绪所控，担心忧虑很多事情，无法迈出行动的步伐，这就不能在实践中获得体验领悟，也不能从做事中获得信心。

大学时，因为身心痛苦，觉得自己什么都干不了，一直到研究生毕业，我都没有实习过，也不敢去找兼职。找过一份大学生家教工作，做了两次就没有再做了。可想而知，毕业找工作时我是多么没有信心。

值得一提的是，大学里我克服了社交恐惧的障碍，运用的是暴露法。

当时我很自卑，与人交往总是自惭形秽，脑中还有很多恐惧观念。我对别人的一举一动非常敏感，担心别人觉得自己怪。抑郁时，社交恐惧严重，不敢去食堂，不敢去上课，坐在教室里浑身不舒服。

我知道，我不能这样不出门，不能永远不和人交往，于是报名参加学生会。每次去开会前，都会经历一番激烈的心理斗争。不想去，又逼自己去。我给自己定的目标是，只要能去参加就值得肯定。我不求去开会发言多么精彩，只要能坐在那里就是胜利。

渐渐地，我的焦虑降低了。我想在这个过程中，我是用行动挑战着自己的认知。例如，担心别人会讨厌我，不想和我交往，但在行动中发现别人没有讨厌我，没有不想和我说话，发现自己的想法是错误的，就会降低一些恐惧和焦虑。慢慢地，我能从人际交往中获得乐趣，开始愿意与人交往。

总之，概括起来说，大学里的心理治疗对我是有一定帮助的。多年累积的情绪开始流动，我的愤怒、委屈、悲伤、无力、无助、恐惧，终于能够表达，能够被理解和接纳。一直以来充满戒备、对人不信任的我，终于感受到来自咨询师的关爱和温暖，犹如快要干枯的小树得到一抹阳光雨露。

上大学以来，我开始运动。高中毕业时我有 160 斤，作为一个女孩很自卑。上大学后，我通过运动来减肥。高中时跑 800 米都受不了，就从 400 米开始一点点增加，一圈、两圈、三圈，最后能跑 10 圈，大一 800 米考试我一次轻松过关。每次焦虑抑郁时，我会逼自己去跑步，出一身汗后心情可以平静一些。

这段时间，我的另一个重大成就是完成了自我同一性的探索，知道自己是个什么样的人，喜欢什么，热爱什么。正是在那时，我萌生了成为一名心理咨询师的愿望。

于是，报考研究生时，我把心理咨询确定为未来的专业方向。

一路上，瑞娟对我讲述她的经历，在讲到大学毕业时戛然而止，因为她做咨询的地方到了。我们上楼，她开始咨询，我在旁边的休息室等她。

这是北京常见的设在居民楼中的一个咨询场所，房间是暖色系的，虽不大，但整洁、有序。冬日的阳光从天窗洒进来，映照得房间一片辉煌。我坐在那里，回味着她的故事。

我知道，很多抑郁症患者在与疾病抗争中，对精神医学、心理学产生浓厚兴趣，其中一部分持续学习，最终成为咨询师，这对于自身康复有没有好处？我知道有的医生并不支持患者懂得太多；而由患者成长起来的咨询师，对求助者来说，好还是不好？

这是一个比较敏感的问题。在瑞娟结束咨询后，我们就这个问题继续交谈。

考上研究生，攻读心理学

萌发成为心理咨询师的念头是在大学三年级。那时候我在做心理治疗，治疗师是一位知性睿智的女性，我也想和她一样优雅而有智慧，认同发生了。

选择专业方向时，我考虑了很久。我发现自己对人、对思想性的东西更感兴趣，比如，社会学、教育学。最后选择心理学，还是和自身经历有关。把成为心理咨询师确立为未来目标后，我有了意义感、方向感，如奥地利精神病学家、“意义疗法”的创始人弗兰克说，“痛苦在发现意义的时候，就不成为痛苦了”；哲学家尼采也说，“懂得为何而活的人，几乎任何痛苦都可以忍受”。

考上研究生，来到北京，我有幸遇到了几位温暖有爱的舍友。那时候我还是很抑郁，焦虑、强迫的症状都有，但大家对我很包容。我的导师耐心且有智慧，引领我接触到正念疗法。目前这种疗法应用很广泛，对抑郁、焦虑、强迫等都有疗效。在他的导引下，我将正念和自身困扰结合起来，对强迫有了更多的了解。

读研没有我想象中那么轻松。学业繁重，同学们都很努力，我的好强性格也让我不甘落后，可是注意力不集中、心情低落、焦虑等症状让我很难赶超。内心压力大，一度抑郁加重，自杀想法强烈。还好有同学和导师的陪伴，我也没有放弃，度过了那个艰难的阶段，最终完成了研究生学业。

学习心理学并非总是愉快的，也曾带给我痛苦体验。那时我的症状很多，看到书上写的东西就往自己身上套，越看越恐惧、绝望，但又控制不住要去看，其实这都是心境使然。成长的过程就是不断接纳自己的过程，我发现越接纳自己，就越不容易被书上写的东西所影响。

总的来说，学习心理学可以加速疗愈的过程，为自己发病找到理论解释，让自己心安。不过学习任何东西，知行合一都是关键。我的问题是，想得多做得少，这也是神经症患者的一大特点。研究生毕业之后，我才在这个方面有所突破。

出走他乡的历练

研究生毕业后，我知道我的问题还没有解决，有些着急和绝望。已经痛苦了 10 年，得走向社会了，如果还是这样，怎么生存？这样活着有什么意义？

当时在北京感觉压力很大，不知道能做什么。迷茫之下，想先换一个压力小的城市。正好遇到外地一位老师，感觉他可以帮助我，于是我一个人离开了北京。

事后总结，这次求助经历并不成功。除了对那位老师的专业性不够了解，我急于求成的依赖心态也是阻碍。成长无捷径，必须靠自己一步步踏实努力，不能指望有什么灵丹妙药。

但是，既来之，则安之。好在这里是有人间天堂之称的城市，我待了下去，算是开启了职业生涯。我做过 EAP（员工心理援助）培训专员，在教育机构当过青少年心理老师，参加了各种理论学习、培训，渐渐有机会做个案。

工作之余，我还参加了一个户外徒步小组，目的是接触更多人。抑郁的一个表现是自我封闭，难以从他人那里得到支持滋养。参加徒步小组，用运动提升能量，获得他人的接纳和支持，是我走出抑郁的重要一步。

在徒步小组，我收获了几个朋友，从他们那里感受到接纳和支持。坚持徒步一年后，我感觉阴郁的内心终于照进一抹亮光，黑暗中透进一线光明。

我还参加了人际关系心理成长小组。这种治疗方式是美国心理学大师欧文·亚龙创立并发展的，以团体心理治疗理论为基础，8~10 人为一组，一位带领者和组员一起，营造出安全而受保护的空间，让组员们真实地表达自我，获得他人的接纳、支持；相互为镜，照出自己的不良行为模式，重新学习和演练。

我曾经担心别人无法接纳我，从未和咨询师之外的人讲述过我的经历。由于团体是安全保密的，我可以讲我的故事；当我讲出来，发现并没有受到别人的排斥羞辱，反而得到怜爱和心疼，这撼动了我的认知。我对人的信任增加了，喜欢上了小组的形式。

多年来对自己的反思和切身体验，让我对他人内心痛苦很敏感，对问题的来龙去脉也有一定把握。在人际成长团体中，我能给予他人恰当的支持和理解，帮助他人觉察自我，释放情绪及促进成长。也因为此，我在团体中获得了信心和他人的喜爱。这对一个抑郁的人是多么重要！

在小学和中学，支持我价值感的只是学习成绩，除了这些外在的东西，我这个人是有价值的吗？被别人接受的吗？在成长小组，我感受到了他人无条件的接纳，我发现自己是有价值的。

除了抑郁有所好转，我也渐渐从强迫的泥潭爬了出来。我看过一句话：治疗强迫就是和生活拔河。你是把更多的精力用在工作、娱乐、交际上，还是用在强迫上？

过去，因为完美主义，再加上缺乏信心，我做事之前会很焦虑，但还是强迫自己去做，靠意志力投入生活。生活多一点儿，强迫就少一点儿。现在，我基本可以做到想做就去做。我发现做家务和做饭能让自己心情平静，就尽量自己做饭吃。做完一顿可口的饭菜，会感到内心的充实与满足，这也是对自己的滋养。

我之前当过青少年心理老师，会陪孩子做一些手工，比如，剪纸、做南瓜灯，等等。这些活动不难，但需要踏实去干。从准备材料到自己练习，再到教孩子去做，都是实实在在的行动，至少可以让我头脑里的纠结少打转一会儿。

回到北京，走向成熟

在苏州待了四年半后，我回到了曾经读书的北京。这里有更多的机会和资源，更广阔的视野。

回北京后，我感觉路走得越来越顺。我想这缘于过去几年的积累和成长，无论是能力还是心态。用一句流行的话说，人生没有白走的路，每一步都算数。

回北京第一年，我在一家心理服务公司做全职咨询师。在这里，我遇到宽容的领导和友善的同事，他们为我提供了进一步疗愈和成长的环境。一年后，这家公司不再继续经营，我被迫重新考虑出路。

我天性热爱自由，希望做自己想做的事，自由职业是一个不错的选择。不过自由职业者收入不稳定，当时我觉得自己还没有准备好。但结果表明，人有时候就是要逼自己一把。到现在，我做独立咨询师快一年了，发现自己是可以胜任的。我对自己的信心大大增强，对未来的焦虑大幅度降低。

回北京后，我还加快了羞耻感的疗愈。简单说就是接触的人更多了，变得更加开放了。过去若干年，我小心翼翼地选择我信任的一两个人开放，每段路都走得艰难而缓慢。回到北京，我刚才提及的公司领导很尊重和善待下属，我内心的安全感有所提升。我向他表达了一些以前不敢表达的东西，发现他并没有不好的反应，于是胆量就更大了一点儿。

我负责管理公司的一个群。多年来我一直封闭自己，不习惯在群里主动说话，也不期待别人给予什么回应。每次发表自己的观点，内心的羞愧感就会冒出来，担心自己说的话被别人嘲笑。但这是工作，必须要做，结果发现我是被支持的，我发表的一些言论反响也不错，这就让我自信心提升了。

结识“渡过”群体，在“渡过”公众号上投稿，是我走向开放的重要一步。此前我曾写过个人成长经历的文章，但不敢拿出来。其实多年来承受了这么多痛苦，内心很渴望被人看到和了解。文章发表后，很多读者表示受到启发，还有的读者说感动得哭了，这给了我勇气。我把文章拿去给一些朋友看，哪怕获得一点点理解，对我也有疗愈作用。

一次次尝试，我慢慢走向开放；然后发现大多数人是善良的，愿意帮助自己的，就感受到更多的力量。之前被羞耻感困住的生活太孤独艰难，是我自己把关怀与温暖挡在了外面。

到了这一步，内心的羞耻感并没有完全消失。现在我还在接触佛学和灵性方面的课程，我有一种直觉，最后的疗愈要借助于此。通过静修可以培养定力，当情绪来临时通过观照修复那些坑洞。

具体来说，当羞耻感袭来时，身心会有不舒服的感受。这时可以静坐下来，体会这种感觉。只是觉察、观照，而非评判。那些不适的身体感受也是时刻变化的，如果我们遇到不舒服就想逃避，内心那股受伤的能量就不能流动和释放。通过观照，不去干涉，它自有生灭变化。

情绪其实是由不舒服的生理感受以及背后的信念组成的。渐渐地，限制性的信念浮现在脑海中，伴随这些信念的各种感受也一一浮现。悲伤、愤怒、恐惧，表达这些感受，同时限制性的信念得以转化，就完成了心理的修通和转变。

走向开放的旅程每个人都不一样，不能强求自己一定要马上开放。如果打开自己，却不能恰当地处理问题，反而遭到不好的对待，就会二次受伤。跟随自己内心的感觉，有的时候也可以冒一点儿险。

十几年的疗愈历程，我和父母的关系也经历了很大变化。目前市面上有些心理学书籍大谈原生家庭给人造成的伤害，我想以自己的实际经历和感受来说明，意识到原生家庭的伤害只是疗愈的一个阶段；如果不能超越这个阶段，就无法真正从痛苦中走出。

从去年年末开始，我明显感觉到和父母的关系融洽了。虽然父母的思维方式和沟通方式变化不大，但我感受到自己的成长，对父母说的话就不那么较真，承受力更强，也会用一些方法化解自己的不愉快情绪。

当然，理性方面的理解是一个方面，真正的疗愈还是在情感层面。我在咨询中常常听来访者说，“我能够理解我的父母，理解他们也不容易，但是我还是控制不住要发脾气”，我一听就知道，这离疗愈还有一段距离呢。

恨表达了，爱才能生发。我们需要在内心先承认过去受过伤。很多人压抑过深，也不觉得自己的成长中有什么缺陷；但是在现实层面，家庭、亲子、夫妻关系又有种种矛盾，追根溯源还是原生家庭问题。你必须看到你的伤痛所在之处，才能疗愈它。

看到是指体验到，重新经历、释放，哀悼过去，还诸天地。就我自己来说，我的伤痛不仅仅来自小时候和父母的互动，也包括多年的孤独和隐忍，与人相处的种种委屈、压抑甚至屈辱，还有底层的羞耻、悲伤。这些情绪都需要一一被感受和释放，否则它们还是会卡在你的身体里。

我知道我的父母对我也很好，甚至某些方面还是溺爱，但是很久以来我无法发自内心地感激他们，因为我还有怨恨、愤怒。我这十几年受的苦需要一个出口，也许无人可以责怪。理性上我明白，父母也有父母的伤痛，但我总可以为我的伤痛一哭，也希望有人来见证我的心路历程。

心理咨询师就充当了见证人这一角色。当这些情绪伤痛走完它该走的历程，就可以渐渐淡化；自然而然地，我的内心生发出对父母的爱与感恩；而因为有共同的经历，还多了一分悲悯。

从小我们没有学会如何爱自己、肯定自己；长大以后，必须自我负责，重新学习，找回属于成年人的力量。这让我更加相信人本主义的观点：每个人都有自我成长和自我完善的意愿，这也是我成为一位优秀咨询师的必由之路。

早期我还陷入心理困扰中时，对成为心理咨询师是没有信心的，常常怀疑自己是不是真的能帮到别人。我知道心理学史上很多心理学家，都是从自身的心理问题出发，开创出相应的心理治疗门派。比如，精神分析祖师爷弗洛伊德就有神经症，还有后来的精神分析大师阿德勒、荣格、埃里克森、科胡特等。荣格曾提出“受伤的治愈者”这一概念；森田疗法的创始人森田正马也是从神经症康复后，才总结摸索出了森田疗法。

但康复者成为心理咨询师，可能存在的问题是觉得自己的经验可以包打天下。我一开始也有这样的心态。事实上，一个来访者即使和你再相似，也还是不一样。不能被自己的经验所障，阻碍你真正看到眼前这个独特的人。

心理咨询界流行一句话：心理咨询师能走多远，才能带领来访者走多远。最终影响咨询效果的是心理咨询师的人格。能否发自内心地无条件接纳、理解、尊重眼前这个人，需要治疗师在人性层面不断耕耘，并能从内心真正升起慈悲之心。这是一生的修炼。

瑞娟讲完了。她的讲述系统而完整，让我对她的病因和疗愈努力有了深入的理解。

这实在是一个不让人乐观的事实——疗愈是一条没有捷径的漫长道路。因为任何心理疾病的形成，都肇因于生命长河中一系列事件；而要从根本上改变不良思维习惯和行为习惯，是多么难！大脑中形成的易焦虑的兴奋型神经反射要消退下去，也需要时间。信心与耐心，是疗愈心理疾病不可或缺的两大保证。

“这么多年，在疗愈的过程中，我体会到，生命的绝望之处往往是灵性开启之初，冥冥之中有更大的力量一直在保护着我。只要我不放弃，它就会适时出现，给我恰如其分的支持。”

“我完成了自我同一性的探索，知道自己是什么样的人，喜欢什么，能做什么。电影《心灵捕手》我看过很多遍，其中的心理咨询师让我着迷。我想成为那样的人，帮助来访者获得心灵成长，同时自己的心智也不断成熟，这是我选择这份职业的价值所在。”

“苦难与创伤让我成为今日之我；我所经历的一切，让我相信今生的使命就是成为一名心理治疗师。”

说到这里，天色渐晚，最后一缕斜阳照进房间，笼罩着她。阳光打在她的身上，自信写在她的脸上。

（本文自述部分为樊瑞娟所作）

蝉蜕

在绝望中改变，在改变中重生

过去与现在，划下一道分水岭

复 活

“不夹杂任何主观因素，完全客观衡量，你现在和一年前相比，进步大吗？”

“大。”

“哪些方面？”

“首先我不再抱怨自己得了这个病。”

“继续。”

“其次我对过去发生的一切事情都有了新的解读。”

“继续。”

“再次是性格独立，遇事不慌，能很好地控制自己的负面情绪，比较好地处理人际关系。”

“最后我学会了爱自己，比如会选择好看的衣服，学着打扮自己，总是保持一种乐观自信。”

“这是精神层面，躯体呢？”

“躯体症状大部分消失，但有负性事件刺激和外界压力大时，躯体症状还会重新出现，有时候还会有点儿恶心干呕，喉咙有异物感。”

“不算严重。过去最严重时是什么样的？”

“整个身心完全处在痛苦中，特别关注自己身体的变化，感觉生不如死。最严重时不能工作，没法正常生活。”

“现在呢？”

“即使有一些症状，基本是一过性的，我会选择性忽略，整体来说对生活和工作影响不大。”

“你活过来了。”

“是的，活过来了。”

上述对话，发生于2017年12月11日，晨6时，我和金美讨论她的状况。正是这段对话，我确定了这篇文章的标题——《复活》（请允许我借用托尔斯泰的名著）。

我大约是一年前和金美相识的。其时，金美第四次药物治疗成功，身心恢复了很多。她关注了“渡过”公众号，后来又组建了“渡过”读者群，干得有声有色。和她接触，完全感觉不到她曾经是一个病人。

她从长达20多年的深重灾难中复活了。

变化是怎么发生的？2017 年 10 月，和金美相识近一年后，我到山东烟台下辖的一个小城采访了她。

金美在高铁站接我。一出站，见她盈盈笑意，一件纯白色上衣，一条红白相间阔腿裤，手挎黄色坤包。脚步轻捷，清爽干练。

小城不大，我和金美步行去她家。她在当地一家综合医院当护士，住在医院分的家属楼。这是一座老式筒子楼，出了电梯，是一条长长、窄窄的走廊，仅容两个人并行。金美边开门边告诉我，这座楼建于 2003 年，是医院最后一批福利房。

家不大，陈设朴素，纤尘不染。连着卧室的阳台上，摆放着很多花盆，阳光随意地洒进来。窗外，小城影影绰绰，房屋鳞次栉比。楼前一个休闲广场，几个上年纪的人在健身。

我看到电脑桌上摞了一堆书，随手翻一下，有《伯恩斯新情绪疗法》《抑郁症的森田疗法》《改善情绪的正念疗法》《精神焦虑症的自救》《人性的优点》等。我问："你看这些书是为了自我治愈吗？"

"是的。药物治疗我交给医生，心理治疗我想靠自己。"

"效果怎么样？"

"刚刚起步，在学习觉察和接纳。这是毕生的功课。"

"觉察什么？接纳什么？"

"觉察疾病的来由，接纳真实的自己。"

在这个阳光明媚的上午，金美对我讲了她心灵成长的故事。

记忆中的童年

我出生在一个农村家庭，父母一辈子务农。母亲 19 岁生下大姐，29 岁生下我，中间有两个哥哥。父亲小时候很苦，平时寡言少语，偶然一次，他和我说起奶奶去世及他的过往，说得很细，我才知道父亲内心也藏着很多事。

那年父亲 9 岁，一天正在灶前烧火。大铁锅里的水开了，冒着热气，奶奶在灶前忙活，她将野菜和地瓜面糅在一起，摊在蒸帘上；然后将玉米面拌成厚厚的糊糊，捧起一小团，左右手互相倒着。等到变成了椭圆形，迅速贴到铁锅壁上。

父亲的肚子饿得咕咕叫，盼望着能早一点儿吃上饭。这时，“吧嗒”一声，一团玉米糊糊掉在了正埋头烧火的父亲面前。他吃了一惊，抬起头，奶奶已经倒在地上，口吐白沫，浑身抽搐。父亲惊恐地大叫，使劲摇晃奶奶，惊慌失措下跑出去找大人。

36 岁的奶奶就这样离开了人世，撇下 4 岁的叔叔、9 岁的父亲和 12 岁的大伯。

那时正赶上解放战争，爷爷被征去抬担架。当他回来，奶奶已去世多时。悲伤过度，他一夜间瞎了一只眼睛。

爷爷后来又成了家。我和爷爷没有多少感情联络，他在我心中只是个模糊的轮廓，过年时我们孙辈去拜访他，只是寒暄问句好。我有时会在他的客气声中抓一把糖果放在口袋里，就离开了。

父亲小时候很聪明，只要他能想出来的东西，就会去鼓捣一番。读小学二年级时，家里穷，买不起算盘，父亲把晒干的杏核儿一点儿一点儿磨成椭圆形，然后将铁丝烧红去钻眼。只剩最后一颗算珠了，父亲小心翼翼地拿起烧红的铁丝，不小心跑偏，铁丝直直戳进父亲的手心，通达手背。父亲一气之下不去读书了。

19 岁时父亲离开家，到青岛一家工厂做工。后来不知是恋家还是其他原因，明明可以留城，他放弃了，回家务农。27 岁当上生产队长，领着全队几十户人家在土里刨食吃。

听母亲说，我一两岁的时候，她上山干农活儿，没人看管我，就把我放在箩筐里，挑到田间地头，任我跑来爬去。干完活儿回来，我身上经常滚满了青草、污泥，还有蚂蚁爬在身上。逢上下雨，我会被雨淋得湿透，母亲挑着我往家里狂奔。

再大一点儿，我更顽皮了，白天哥哥姐姐们都在读书，母亲实在忙不过来，把我送到姥姥、姥爷家，可我还是会恋着母亲。一次，我在姥姥家玩耍着，一转头，母亲不见了。我慌起来，四处张望，没有母亲的半个影子。我一路小跑，顺着模糊的印象，从姥姥家跑上回家的路，一边哭，一边喊："妈妈，妈妈……"

时近傍晚，四周暗了下来，茂密的庄稼被风吹得呼啦啦响。四野荒无人烟，一条大黑狗从路边的庄稼地里钻出来，吓得我一屁股坐在地上。后来姥姥姥爷、舅舅姨姨们找过来，喊着我的乳名，我大声哭喊着扑在姥姥怀里，声嘶力竭地问他们："姥姥，姥姥，妈妈呢，我找不到妈妈了……”在姥姥的安慰声中，我趴在姥爷肩头沉沉睡去。

那一次，我觉得几乎要失去母亲了。

记忆中的童年，是在暴躁的父亲和爱唠叨的母亲经常的争吵中度过的。

一次，父母亲吵起架来，昏黄的油灯下，父亲脸色铁青，狠狠打了母亲一巴掌。然后，吧嗒吧嗒，狠命地抽着旱烟袋，呛人的烟雾弥散在暗淡的屋里。母亲把墙上的贴画一张张撕扯下来，一边撕一边号啕大哭。我躲在一个角落里，不知所措。

小学时，为了给家里挣点儿工分，我跟大人一样到庄稼地里拔草。正是夏天，太阳像个火球，高高的玉米秸秆长得比我还高，玉米地里密不透风。我在里面穿梭，猫着腰，半闭着眼，生怕玉米叶子戳了我的眼睛。身上被玉米叶子割得一道一道的，火辣辣地疼。干完活儿，到地头小河里洗把脸，被割疼的皮肤越发疼起来，我暗暗落泪。

一年到头，只有过年是我最高兴的日子。因为能够穿新衣服，吃上白面馒头，还有猪肉炖粉条。

腊月廿三是小年。除尘，做饽饽，炸面鱼，熬猪皮冻。不管是富户还是穷得叮当响的贫户，家家户户都在这天拉开过年的序幕。

除尘这天，父亲和哥哥们把家里所有东西都从老屋搬出来。有几个颜色暗红、掉了漆的旧柜子，又高又圆的大水缸，老式钟表，印着水仙花的大镜子。父亲拿着自制的长把笤帚，踩着椅子，踮着脚，眯着眼，去打扫屋顶角落里已经形成的蛛网。不时有灰尘落下来，眯了父亲的眼。

院子里，母亲用鸡毛掸子掸着破旧家具。积攒了一年的灰尘腾飞起来，在阳光下形成一层薄雾。那面镜子斜靠在墙上，大姐蹲在地上，用抹布轻轻擦着大镜子上的灰尘、油垢。我穿着母亲缝制的棉袄棉裤，从东间串到西间，偶尔也蹲下拿起抹布想去帮忙。

母亲呵斥我："小美，好好待着，别帮倒忙，不小心把镜子打碎了咋办？"我嘟着嘴，不情愿地离开。一会儿，忘记了母亲的嘱咐，又东跑西颠起来。

屋外，寒气逼人，屋脊上白雪厚厚积了一层。瓦楞下垂着的冰凌，有十几厘米长。冬日的阳光洒下来，积雪融化，不时地有串串水珠从冰凌尖上滑落。

屋内，母亲熬了厚厚的面糊糊，打炕边，更换木质窗子上糊的白纸，在白纸上贴上几对红纸镂空的窗花。墙上贴上几张旧挂历，炕上换了新席子。二哥写得一手好毛笔字，每年春节都帮人免费写春联。我帮哥哥磨墨，按住纸的一头，哥哥每写完一张，就小心地放在地上。那时我不懂得欣赏，就是喜欢那些跳跃在红纸上的黑字。

地上的春联渐渐多起来，横着的，竖着的，映得满屋子红彤彤的。破旧暗淡的老屋似乎也跟着欢快起来。

跳出农门

20世纪80年代后期，能跳出农门，拥有一个城镇户口是很多农村孩子的奋斗目标。考取一所中专，也算是很好的出路了。

初中毕业那年，我落榜了，黯然神伤地回到家里。父亲坐在一张破旧的椅子上，“吧嗒吧嗒”地抽着旱烟袋。母亲站在一旁说：“小美，你也知道咱家的情况，没钱再供你念书了。”

那时，复读一年需要500块钱，大姐嫁到外村；大哥刚结婚没几年，盖了新房子；二哥刚刚考上大学。我很清楚家里的经济情况，也许这辈子只能在庄稼地里混了。

跟着父母上山干活儿，我不情愿地用手拔着地里的荒草，没精打采。看着烈日下弓身弯腰劳作的父母亲，我内心挣扎。我不想一辈子就这么过下去，想到外面的世界看看。

后来我也曾想去工作，几次都没成。一天，看我灰心丧气的样子，二哥悄悄对我说：“小美，咱去求求大姐吧，看看大姐有没有办法。”我走了五里山路到大姐家，看着满头大汗的我，大姐二话没说，到大队上把自家盖房子交的押金要了回来交给我。

复读的学校在半山坡，夏天的饮用水都供应不上，全校好几百人围在一个水龙头前等着喝水；冬天宿舍冷得像冰窖，外面飘着大雪，屋内飘着雪丝。我蜷缩在被窝里，手脚有时一宿也暖和不过来。

学校规定，在学校订饭吃，就得买饭票和菜票。家里掏不起这个钱，每周六下午回家，母亲做上一篮子馒头，用鸡蛋炒些咸菜，装在罐头瓶里，我周日下午徒步 20 里带到学校。

每天，值日生抬着一大筐用各式手绢包着的馒头，在食堂蒸热乎了抬回来，大家一拥而上争抢。到后来学习冲刺阶段，值日生也不到伙房热饭了，我们就啃着冷馒头就着咸菜，喝一杯热水了事。

终于熬到考试，我最终被一所护校录取了。这在学经济的二哥看来，没什么出息，不过父亲依然高兴得合不拢嘴，母亲破天荒做了一桌子菜，全家人庆贺了一番。

出现躯体症状

护校第三年，我结束了在医院的实习，回学校准备毕业考试。那年碰上了全省统考，为了考个好成绩，我每天除了吃饭睡觉，就是在教室里背书。就在那时，我出现头痛症状，时常感到腹部血管“怦怦”跳，心里惶惶的，但睡眠、吃饭、情绪还好。

毕业后，我来到一所地区医院工作，被分到急诊科。起初干劲十足，但很快领略到了护士职业的艰难辛苦。急诊科病人发病急、病情重，随时会有病人需要抢救。不管白班还是夜班，神经都绷得紧紧的。每天下班后，两条腿像灌了铅一样。

累是其次，最可怕的是危险随时存在。被家属和病人骂几句是家常便饭，如果碰上极端的病人和家属，还会有人身危险。记得一个夜晚，与同事刘姐上小夜班，来了一位车祸病人，值班的外科医生闻声来问诊。陪同的家属很是焦躁，大声催促值班医生手脚麻利点儿，嘴里不停地嘟囔着一些脏话。

我安抚着家属："你别急，医生总得问好诊，开单子才能去做检查啊！"

"小丫头片子，我问你话了？你插什么嘴？"家属猛地将头转向我，一股呛人的酒味钻进鼻孔。我心里"咯噔"一下，知道坏了。护士长曾经叮嘱过，遇到喝酒的人千万躲远点儿，不能和他理论。

已经晚了，高个子男子快速从怀里掏出一把刀子，寒光一闪，扎在桌子上。刘姐见状，急忙将我推进里面的治疗室，用手势比画着不让我说话。

我惊愕地瞪着眼，用手捂着嘴，心里像揣了几只兔子，跳个不停。屋外的男子用刀朝我比画，嘴里骂着不堪入耳的脏话。渐渐地大脑一片空白，我都不记得自己是怎样跑回宿舍的。

后来的几天，我一直做噩梦。

四姨得了血液病，住在我所在的医院。她发病凶险，血小板为0，各个脏器随时都有出血的危险。一天深夜，姨夫急促地敲门找我，赶到病房时，医生正将一团团棉球塞到四姨的鼻腔压迫止血，鲜血还是不停地流出来。姨夫央求我陪他在病房里，无奈之下，我答应了。躺在病床上，平时睡觉很香的我怎么也睡不着。耳朵里听到血管在跳，这是我对失眠的最初印象。

不知从什么时候起，我有点儿打怵上夜班。一到那天，白天就心情不好，干什么都提不起劲。

我开始失眠。夜深了，同宿舍的人鼾声起伏，闹钟的嘀嗒声格外清晰。我像烙饼一样翻来覆去，夜黑漆漆的，时间仿佛凝固了。有时熬到凌晨三四点钟，才会迷迷糊糊地睡一觉，醒来也像是在做梦。

连续几天，后脑勺有一种钝痛的感觉，木木的，太阳穴及双眼也在胀痛。上完夜班后恶心、干呕，胃几乎有被吐出来的感觉，五脏六腑都在翻腾。为了不引起别人注意，我会赶紧擦干眼泪，装作没事人一样。

以前休班回老家，能吃能睡；现在回去，晚上和母亲睡在一铺炕上，听着她的呼噜声，我会忍不住推醒她："打什么呼噜啊，还让不让人睡觉了？"母亲睁开睡意蒙眬的双眼，无奈地看着我，很是心疼："闺女，你睡不着啊，那我先不睡了，你先睡。"

母亲的话丝毫安慰不了我。我不理会，掀开蚊帐跳下炕，把嘀嗒作响的挂钟弄停了，一个人跑到院子里，找到一块小石子狠命往地下砸；捡起来，再砸，直到手酸软。

科里同事问我，脸色怎么这么难看？我说，我睡不着觉啊。她们"啧啧"叹息，小声嘀咕：小姑娘家家的，怎么会睡不着觉呢？

照照镜子，脸色蜡黄，黑眼圈，两眼凹陷无光；头发枯槁，面容憔悴。我试图挤出一点儿笑容，脸上的肌肉好像僵了似的。

该不是病了？肝炎？胃癌？去查肝功，做彩超，一切正常；

又跑到胃镜室，强忍着恶心做完胃镜，只查出一点儿轻微的浅表性胃炎。胃镜室的人嘲笑我，年纪轻轻，哪那么容易得胃癌！我不理会，往来穿梭于各个检查室，都查不出异常。

起初，我以为只要治好了失眠，一切就会好起来。我开始留意各种治失眠、头痛的方子，抓了很多中草药吃；母亲用自家养的老母鸡和天麻一起炖给我吃，也没有效果。

一天晚上，头痛得厉害，听到宿舍里的人有说有笑，我猛地拉开床的围帘："说什么说啊，都几点了，还让不让人睡觉？"一刹那，四周里一片安静。

第二天，大家都用异样的眼光看我，对我说话也总是小心翼翼的样子。我开始刻意回避朋友，别人和我说话，我总是爱答不理。我能感觉到他们在渐渐疏远我，强烈的孤独感袭上心头。

一次，心乱不已，我跑到院里小商店找到电话机，给家人打电话；我大声哭诉着，根本没有注意自己的哭声有多么大。路人驻足观看，小声议论着，指指点点。商店小卖部的阿姨劝我："小姑娘，别哭了，有什么事用得着这样，让人家笑话，快别哭了。"平静下来后，我才懊悔：我这是怎么了？

每次这样的情绪爆发后，都感觉胃部火烧火燎地疼，整个小腹鼓胀，头痛、失眠加重，体重减轻，身子轻飘飘的，有种无力感。

我开始害怕夜晚的到来，总是回忆能吃能睡的日子。我讨厌别人的笑声，为什么他们这么快乐？我怨恨命运的不公，为什么痛苦遭罪的是我？

我不知道，此时有个魔鬼，已经悄悄蛰伏在我的身体里，一点儿一点儿侵蚀着我的神经。

听着金美的诉说，我唏嘘不已。问及她病中工作状况时，我产生一个想法：去她上班的地方看看。

我怕她为难，毕竟病耻感是普遍存在的。没想到她当即说：“好啊，我经常和科里的同事提起你，你愿意去科里看看再好不过！”

说去就去。金美立刻打电话通知了同事们；几分钟后，我们来到了她所在的科室。这是医院一个僻静的角落，门前有四棵树，看上去年头很久，得几人才能合抱过来。树叶婆娑，在地上投下了一大片阴影。

“张老师来了。”金美一进门就喊起来，立刻“呼啦啦”迎上几个蓝衣蓝帽的年轻女性，为首的一位高个子、短头发，金美介绍她是护士长。她请我坐下，把切好的哈密瓜递给我吃；一转眼，身边围上一群人，略带拘谨和好奇地围观我。

“金美很早就说您要来采访她。”护士长说。

“你们知道我？”我问。

“当然，金美经常提起‘渡过’群。说实话，一开始我不太同意她干这些事。”

“为什么？”护士长如此坦率出乎我的意料。

“前些年她的状况不好，睡不着觉，心情烦躁，工作也吃力。最近几年开始吃药，身体慢慢恢复了。今年她说要当群主，我开始很反对。每天接收那么多负面信息，我们担心对她影响不好。”

“那你们觉得她现在怎么样？”

“和以前判若两人，精神头、心情、气色都非常好。”

“你们以前知道她得的是什么病吗？”

“不太清楚，她一般不在我们面前提她怎么了，我们也不好意思问。她就总是爱哭、头痛，颈椎、腰背不舒服，反正就是这疼那疼的。”

旁边一位同事接过话茬儿：“我们以前都对她的病不太了解，就看到她天天愁眉苦脸，还总爱发脾气。自她开始治疗后，就好多了。过去都是我们安慰她，现在是她天天嘻嘻哈哈的，我们也都被感染了。”

大家的谈话让我收获很大。此前我想象不出金美重病时是什么样的，也不知道她和同事们关系这么好。心理疾病患者若能融入一个友善的集体，对全面康复太重要了。

聊了一会儿，大家散去；在另一个小房间，金美的同事拿来两份盒饭，我们边吃边聊。金美谈了她发病前后和治疗的过程。

一次惊恐发作

1998 年，结婚仅仅两个月，我没做好任何思想准备就怀孕了。作为女人，生了孩子，延续生命，人生才是完整的。但我很害怕，我不知道自己的身体能不能允许我当一个母亲，不清楚孩子的到来会给我带来什么。我还想到这对于即将来到人世的孩子是否公平。

怀孕后六个月，我仍旧工作在临床一线，照样值夜班。这是我的职业所定，谁也不能例外。

一次值大夜班，正准备给手术前的病人测量血压，突然间眼前一黑，金星乱冒，幸亏家属及时扶住我才没有倒地。瞬间冷汗湿透衣衫，有一种濒死的感觉。等到意识恢复了，我咬着牙，拼尽全身力气，从床上抬起身子，然而又一次晕倒了，感觉身体内的所有力量被掏空。

五分钟后，我再次清醒过来。值班医生给我测量了血压，已经为“零”。

有个声音似乎在我耳边说：“你是个不负责任的母亲，你怎么可以这么自私，你不该让孩子还没出世，就跟着你受苦、受罪，你没有资格做一个母亲。”这种念头一直盘桓在脑海，挥之不去。低头看着微微隆起的腹部，内疚、自责像蛇一样啃噬着我。

十月怀胎，历经 12 个小时撕心裂肺的产痛，儿子呱呱坠地。我暂时忘却了病痛，瞅着刚出生的儿子一夜无眠。

出院后我住在婆婆家，是在郊区，离工作单位有六七里地。公公婆婆在村西头开了个小商店，休产假的这五个月，婆婆能回来大半天帮我照看孩子；晚上，婆婆要回小商店，家里就剩我和丈夫。丈夫白天要上班，在另一间房睡觉，晚上孩子吃喝拉撒睡就我一个人管。冬天的夜晚很冷，儿子一晚上要哭闹七八次，我披着一件棉袄起来哺乳、更换尿布。

因为不能像其他产后妈妈那样规律作息，身体的难受加上孩子的哭闹，我心生抱怨，怨丈夫不能像别人家老公那样关心我，晚上不能帮我照看孩子。

那天，给孩子洗澡，我笨手笨脚忙活着，不小心把孩子弄哭了。丈夫闻声赶过来埋怨我。我正心疼儿子，再加上身体很不舒服，抱怨了他几句。他顺手推了我一把，我端起澡盆里的水泼向他。丈夫脸色铁青，拳头攥得“嘎巴”响，扬在半空中，最终还是放了下来。

一天，无意中听婆婆说起附近一个寄宿幼儿园的不幸事件：一位两三岁的幼儿被老师惩罚，关到地下室，老师出差忘记了，结果幼儿惨死在地下室。听到这个消息，我大哭不止。之后的几天，一想起那个可怜的孩子总是流眼泪。我会把那个孩子想象成我的儿子，我知道这不是真实的，但控制不住这种想法。

我对儿子莫名地担忧起来，担心他吃不饱饭，睡不好觉；担心他是不是得大病了；我害怕听到他的哭闹声，为了能让他白天好好吃饭，晚上好好睡觉，我使出浑身解数，经常急得全身冒冷汗。

那段时间，我不得不让婆婆半夜回来帮我照看孩子。我一个人会有莫名的恐惧感，觉得自己照顾不了孩子，怀疑能否把他喂养大；我担心起孩子的未来，怕他会和我一样承受这么多痛苦。这些想法不断涌入我的脑海，似有一双无形的大手，掐住我的脖子，让我喘不上气来。

我伸出双手，想抓住能拯救我的东西，哪怕是一根稻草，然而什么都没有。也许我不该让儿子来到这个世界上，我没有资格拥有婚姻、老公和孩子。让我自生自灭吧，想死的念头紧紧抓住了我。

尚存的一点儿理智告诉我：你不能去死，你还有年幼的儿子，你还有父母家人。强烈的内心纠结让我痛苦万分。有时脑子里甚至会蹦出这样的念头：地球赶紧毁灭吧，我就永远不会再有痛苦了。

一天，在家里洗儿子的衣服，突然感觉心慌，浑身冒汗，嘴巴发干，前胸后背像被什么勒紧，喘不上气来。我有些慌张，数了一下自己的脉搏，只是比平时多了几下，跳得有点儿沉重，可就是觉得心脏跳得厉害，甚至能感觉到腹部的血管也在跳。头痛加剧，全身无力，身体就像被掏空了一样。心想也许是累的，我赶紧躺下来。

片刻后，症状不但没有减轻，反而越来越重。家里没有其他人，也没有电话，没法跟外界取得任何联系。我惊跳起来，穿着拖鞋，披散着头发，衣衫不整地往婆婆家商店狂奔。半路上，被抱着儿子的婆婆看到，她拦住我，大声问我怎么了。

我已经难受得说不上话来，跑到商店，拨通电话，求救于我的一位同事。她不明情况，让我赶紧到医院做个心电图。可是商店在郊区，一时很难打到出租车。我瘫坐在椅子上，大口喘气，强压住心中的恐惧，告诉自己：我还有儿子，我不会有事的，我会好的。

大约五分钟后，症状逐渐减轻，只是胸口还堵得慌，像压了一块大石头。这是我唯一一次惊恐发作，后来知道这叫作“濒死体验”。

没有就医，没有吃药，就这么熬着。不知道是什么样的力量支撑我活下去，也许是对命运的不服和抗争吧。

休完产假后调到一个新的科室。要适应新工作，每天还要回到六七里地外的婆家给孩子哺乳。这么多事，怎么应付啊？我焦虑感爆棚，胃火烧火燎，心慌、胸闷、气短的感觉一直缠绕着我。每天只要一踏上医院大楼的台阶，这些难受的症状就会条件反射般加剧。

头仿佛被铁箍勒着，越箍越紧，有时疼得让我抓狂。早晨起来，我不能低头，从颈椎到腰背部，完全是铁板一块，肌肉绷紧，疼痛难忍。两条腿像灌了铅，酸、胀、疼，能摸到一根根条索样的东西，皮下有许多硬结。受凉、情绪不好或劳累后，这些症状就会加重。

儿子大约两岁的一天，突然接到二哥的电话，说姥姥不行了。我一边哭，一边赶往长途汽车站。脑子里不时闪现出姥姥慈祥、和善的面容，回忆像闸门一样打开。

姥姥的家在一个山沟沟里，门前有一条小河，有时能在河里捞到鸭蛋。院子里种着一棵柿子树，柿子成熟的时候，她会摘下来剥皮给我吃。她熟悉这树上的每一个柿子的位置。记得有一次，柿子还是青蛋子，我嘴馋，踮着脚，偷偷摘下最矮枝头的那个，跑到门外，使劲咬了一口，苦涩的味道让我半天张不开嘴。我把柿子扔到门口的松树丛里，偷偷溜回姥姥家。后来听到姥姥跟姥爷说，树上咋少了个柿子，还没熟，哪个馋嘴的偷了吃？

夏天我不想睡午觉，就缠着小舅带着我去粘知了。村里林木茂密，整个村子充斥着知了的聒噪声。粘知了的工具是由竹子缠接而成，我提着一只小水桶，仰头看传来知了叫声的地方，小舅屏住呼吸，一点儿一点儿将竹竿伸向树枝深处。听到知了吱呀乱叫、扑棱翅膀的声音，我知道大功告成。一中午半桶知了被姥姥下了油锅，现在想起来，嘴里似乎还有那股香香的味道。

可亲的姥姥就这样与我阴阳相隔，我不愿相信。当我赶到姥姥家时，屋前围满了人，我拨开人群，来到正屋里，跪在地上，掀开担架上蒙着的白布。姥姥安详地合着眼，我轻轻抚摸着姥姥花白的头发，泪如雨下。

听舅舅说，姥姥在早晨收拾家务的时候一头栽倒在地上，脑溢血，之前一直照顾瘫痪在床半年的姥爷。12 天后，姥爷也去世了。

心情悲伤的那几天，躯体症状又加重了。为了缓解痛苦，我开始服用保健品，到美容院拔罐、针灸、按摩。凡是能改善头疼、睡眠、全身疼的法子，我就不顾一切去尝试。

开始药物治疗

2003 年，无意中看到一则谈抑郁症的文章，其中有很多抑郁症症状和我符合。我得了抑郁症？

记得刚从护校毕业不久，我去找在康复医院上班的护校同学玩。她领着我，穿过两道大铁门，进了一个全封闭式病房。一间病房里，一位十五六岁的小女孩坐在病床上，披散着头发，稚嫩清秀的脸庞，如果不是看到她空洞的眼神，不会想到她是个精神病人。看到我，她一愣神，用手指着我，嘴里说：你，穿红衣服的，到我床上来坐坐。随后，叽叽咕咕念起了一长串英语单词。同学告诉我，小女孩是因为学习压力大得了精神病。

难道我也沦落到这一步？犹犹豫豫地，我踏进了心理康复医院的大门。我没敢挂号买病历本，让同学走后门找了一位医生。她简单地问了我的情况，确诊我是抑郁症，给我开了药。

服药几个月后，睡眠、焦虑症状没有改善。每天半夜醒来，衣衫湿透，两眼凹陷，面色晦暗。人不人，鬼不鬼，真是绝望极了。没跟医生沟通，我私自停了药。

后来我想过这次药物治疗失败的原因。一是医生第一次问诊很粗略，只给我用了抗抑郁药，没有用抗焦虑的药；二是我不相信西药，心理上排斥抗拒；三是我服药有严重副作用，没有及时地跟医生沟通。

之后，我开始搜寻能够治疗失眠焦虑的方法。偶然在报纸上看到一种对症的中成药，价格很贵，但我毫不犹豫地买了。这期间睡眠有很大改善，但服用一年后引起了闭经、泌乳。院里的医生建议我做核磁共振，怀疑脑垂体长了东西。可是各项检查并没有发现异常。

睡眠既有所改善，我决定停服这种药。几天后月经倒是来了，失眠又像魔鬼一样袭来，连续四天四夜睡不着。我这才明白自己服用了假药。名义上是中药，其实里面掺杂了镇静剂，不然我不会出现这么明显的戒断反应。

无奈之下又一次走进医院，更换了主治医生。这两年，我每个月都要跑一趟医院；每次报销药费，都怕别人看出我吃的是治疗精神疾病的药。总不能一辈子都吃药吧？会不会成瘾？会不会把身体吃坏？还是不吃了吧？自己调理一下，说不定就好了——就这样思虑着，我一次次擅自停药。

几年后，我离开临床一线，到二线科室工作。不用上夜班，工作压力减轻，身体情况稍微得到改善，但躯体症状依然很严重。从腰部一直到脚踝很怕冷，夏天科里开空调，我要穿着棉袜、棉拖、秋裤。下肢冷、胀、酸、痛，即使夏天也要用电热宝。这期间因为外界压力大，引起焦虑发作，服药一天后，胃疼得厉害，月经量异常增多。经查，胃黏膜有多处出血点。第三次药物治疗因不能耐受副作用而告终。

2013 年 4 月，医院搞三级医院评审，工作压力超负荷，我焦虑爆发，躯体症状再一次光临。有时我会忍不住大声喊叫，用拳头猛击自己的脑袋，体重下降到八十几斤。

一年后医院通过评审，我再也支撑不住，被迫休班，十几天后，焦虑没有半点儿改善。审慎思考后，我向科领导坦诚说了病情，第四次选择了药物治疗。度过了难熬的服药初始阶段，药物渐渐起效，大部分躯体症状消失。

所谓久病成医，前几次药物治疗失败，我给自己制定了几条规则：

1. 相信科学，相信自己；

2. 要有耐心和信心，对自己负责，坚持到底，找到适合自己的治疗方法；

3. 绝对遵从医嘱，足量足疗程用药，增强治疗依从性；

4. 治疗期间及时跟主治医生沟通，让医生在充分了解病情的情况下调药；

5. 不迷信大医院，疾病不复杂时，尽量在当地找医生，也许这一辈子都要和医生、药物打交道，要考虑到方便、快捷、省钱。

现在看来，因为对精神疾病缺乏基本了解，不认同药物治疗，又讳疾忌医，我错过了最佳治疗时机。如果早诊断、早治疗，也许就不会遭这么多罪。

这两年，我逐渐意识到，我的病很可能不是典型的抑郁或焦虑，而属于焦虑性抑郁，并伴有严重躯体化，在医学上称为“躯体化疼痛障碍”。

我曾结合自己的病况，向多位专家请教。他们告诉我，躯体化疼痛障碍又称心因性疼痛，临床上又称为慢性疼痛综合征，主要表现为各部位的持久性疼痛，使患者感到痛苦，或影响其社会功能，但医学检查不能发现疼痛部位有任何器质性病变。因此，不能用生理过程或躯体障碍予以合理解释。对比之下，我觉得自己属于这种情况。

威克斯在《精神焦虑症的自救》一书中，描写了焦虑产生的根源以及如何对抗焦虑：

“人体的神经系统由两大部分组成：自主神经系统和非自主神经系统。前者是指挥我们的四肢、头和躯干的活动，我们或多或少可以根据自己的意愿来控制它。后者控制内脏，包括我们的心脏、血管、肺、肠等活动，甚至控制唾液和汗的流动。除非受过特殊训练，否则意识无法控制它。

“焦虑有两种类型：一种是焦虑主要源自某些特定的情况，可能是悲伤、内疚，病人知道是什么原因最初引发了他的焦虑，并试图与其抗争；另一种是病人曾经受过暂时的压力，事情过后就不那么重要了。病人在意的已不是最初的问题，而是害怕当前所处的状态。当人处于压力之下，他的情绪最初可能只是简单地以一种正常的强度表达出来，然而随着压力的增加，情绪表露可能会变得过分强烈。这是一种非常痛苦的过程，意味着一般的害怕会演变成严重恐慌。”

上述说法，解释了我的症状：胃肠翻腾，吞咽困难，呼吸无力，心悸，胸闷憋气。因为不懂得是怎么回事儿，我以为身体出了大毛病，于是又进一步增加了压力，陷入怪圈当中不能自拔。

记得威克斯医生说过一句很经典的话：“症状消失不叫治愈，症状变得不再重要才叫治愈。”要怀着完全接纳的态度来面对这些恐惧，了解这些症状的来龙去脉，乐于接受并暂时与之共处。面对，而不是逃避；接受，而不是抗争；飘然而过，而不是过分关注。

第一天采访结束。第二天一早，我很早起床。我习惯于早锻炼，每到一个城市，一定要顺便拍些当地的市井照片。金美知道我这个爱好，约好第二天一早同去。

晨六时的小城已经醒来，出了宾馆，金美已等在那里。一身休闲装，精神抖擞。

穿越城区的喧嚣，不知不觉来到城边。眼前一个带状公园，沿着河流延展；河堤两岸，是密密的小树林。

我们边走边谈，话题集中到致病原因及心理治疗方面。对前者，金美已有所思考。她认为，她的病不是家族遗传，而与她天性敏感、童年期没有获得足够安全感，以及不良的家庭教育方式有着千丝万缕的联系。

寻求心理疗愈

单纯的药物治疗能让我摆脱疾病痛苦，但若遇到一些负性事件刺激和外界压力，我的情绪还是有波动，躯体症状也会重新出现或加重。

怎么改变这一切？我意识到需要寻求心理帮助。有朋友邀请我去心理康复医院听讲座。一位同事介绍我认识了我现在的老师，一位资深心理咨询师。他宽宽的额头，脸上带着笑，目光温和。和他交流中，我意识到自己负面情绪疏泄和人际关系处理存在问题，明白了自己心理失衡的原因是对父母的抱怨，以及消极的生活态度。我需要剖析自己，及时觉察、内省，去改变并尽量完善自己，尽管这是一个非常艰难的过程。

走过这么多年弯路，如同走进一条黑暗隧道，痛苦而又孤单。我渴望光明和温暖，渴望理解和接纳。我想，如果有共同经历的人，结成一个团体，交流互助、彼此温暖该有多好。我向往着这样一个“精神交流”的家园。

恰在此后不久，我关注了“渡过”公众号。感受到“渡过”公众号的影响力，就想组建“渡过”读者群。这个想法一下子得到呼应，读者踊跃，第一个读者群建立后，规模迅速扩大，二群、三群、四群、写作群、摄影群、读书群、家长群，都相继有群主牵头建立。到今天，“渡过”社群逐渐成了一个大家庭。

记得有一天，接到一位群友的私信，说有位小姑娘状态不好，很可能要自杀。我吃了一惊，与她沟通，没有回复。没有人知道她叫什么、家住哪里。我一遍遍在她的微信里寻找蛛丝马迹，正一筹莫展时，一条微信引起了我的注意。我搜索到一个信息，联系上她的一位好友，告知她的情况。好友连夜赶到她家，小女孩已处在崩溃边缘。我随即联系上她的家人，女孩被送往医院救治。

还有一位农村病友，有一天突然发来语音信息，打开后，听到悲伤的哭泣声。因为家人的不理解，再加上经济窘迫，她不能得到很好的治疗，感觉生不如死，恐惧到不敢出家门。本来她丈夫可以出外打工，挣点钱养活一大家子人，可她这种情况，丈夫根本不敢走，她也无法去地里干活。

我连续跟她沟通，鼓励她即使不能出家门，也不要躺在床上不动弹。要逼迫自己起来，哪怕收拾一下家务，给上学的孩子做顿饭都行。有一天晚上，我劝说让她的丈夫接电话，和她丈夫谈到晚上 9 点，让丈夫理解了她的病情。

几天后一个晚上，她又发来语音，告诉我，她居然鼓起勇气去山里干活了。我很惊讶，问她原因。她说："那天晚上你一直跟我们聊到 9 点也没吃饭，我很感动，觉得自己应该振作起来。"

随后几天，她又陆陆续续发来语音，说丈夫理解了她，决定带她到大医院看病，她会坚持吃药。

听金美讲这些，我很惊讶，也感到欣慰：这么多有同样经历的人，团结在"渡过"公众号周围，抱团取暖，彼此抚慰，大概就是"自渡渡人"吧。

"这其实是一种深层次的心理治疗。有能力帮到别人，是一种更高程度的价值实现，无形中疗愈了自己。"

我问金美，为社群奔忙，影响工作和生活吗？周围人能理解吗？

她承认，确实会有影响，一部分人也不太理解，但她觉得值得。"我从 25 岁起陷入抑郁、焦虑，20 多年，一生中最美的时光，饱尝痛苦绝望的滋味。现在我从痛苦中挣脱出来，世界不再是黑暗扭曲的，光明重新来临了；我被爱包围，也学会了爱人。”

她回忆：“最痛苦的时候，我半夜打电话给二哥，他连夜来看我；姐姐在地里干活儿，想到我会突然停下来；大哥看到我难受会掉泪；姐夫和两个嫂子对我都很亲热。每次我回老家，兄弟姐妹聚齐，母亲会做上一大桌子好菜。小时候对于家人的怨恨都消散了，唯有感恩。”

我问：“现在恢复到这个程度，家人总该放心了吧？”

金美点头：“二哥曾对我说，小美，哥都佩服你，你遭过那么大的罪，就像一根藤条，多少次被硬生生压弯，眼看要折断了，一有机会，又反弹回来，活过来了。”

风微凉，清晨空气清新。微风轻拂过林梢，沙沙作响，能听到柔软草地上我们的脚步声。

说话间，穿越了小树林。眼前一块空地，豁然开朗，阳光瞬间罩住了我们。

金美仰着脸，向着太阳，伸开双臂。她闭上了眼睛。她说眼前是一片温暖的红色。

（本文自述部分为金美所作）

青春对抗

对军伟的采访，是在一座废弃的煤矿进行的。

军伟今年 27 岁，抑郁已有 10 年。他在高三时发病，可以说，人生最美好的年华，他是在抑郁中度过的；但他又是极有毅力的，自小志向远大，对自己有要求、有期许。为了走出抑郁，他探求至今，穷尽了各种方法和手段。尽管大多数努力都以失败告终，但他屡败屡战，不认命、不服输，给我留下很深的印象。

初发抑郁，他把原因归结为自己心理素质差，于是下决心锻炼意志品质。他有意识地自找苦吃，比如一个人爬上荒山野岭过夜；故意少吃饭、不吃饭，认为饥饿也是锻炼意志的方式；为克服“爱面子”，他在学校门口摆地摊，在人多的地方喊叫；放假回家特意坐慢车，有时还买站票……饥饿训练、体能训练、野外求生，各种能想出的稀奇古怪的办法他都尝试过。

“意志战胜法”失败后，他去做心理咨询。咨询师告诉他，他抑郁的原因在于“追求完美”，这让他吃了更大的苦头，因为他不知道“追求完美”到底意味着什么。他只能在咨询师的提示下，深挖思想根源，批判自己“想高人一等”“凌驾于所有人之上”；然后要求自己“放下”，接纳现状，做一个平凡的人……但这和他的“三观”又发生了冲突，整个人变得越来越压抑，越来越迷茫。

他当然也尝试过药物治疗。从老家到北京，遍访名医，还申请过专家会诊，用过多种药物，承受过各种难熬的副作用，最终未收到明显效果。

我第一次见到他，是在四年前，他持续了几年的心理治疗宣告失败，不得不转到北京寻求药物治疗。那次会面，他就和我谈起对“追求完美”的困惑，眉头紧皱，纠结不已。

回老家后，他不时和我联系，后来成了《渡过》系列的作者。我知道他一直在努力，学习心理学、学习药学，用尽各种方法自我疗愈，病情渐渐好转，终于平稳下来。这次，为写作本书，我想起了他。

据我观察，近年来抑郁越来越低龄化，有的孩子从小学就发病，只是那时孩子和家长不知道这就是抑郁。青少年抑郁已经成为一个严重的社会问题。很多孩子发病后，一蹶不振，陷于网瘾，消极、退缩，让父母操碎了心。而军伟独自坚强地走完了这个历程，我觉得算得上是青少年抗抑郁的正面案例。因此和他商定了文章的主题——以青春对抗抑郁。

讨论采访计划时，他提出，他可以带我到他小时候长大的煤矿看看。我问为什么，他说，他的抑郁和这个煤矿有关——这是他未曾和我说过的。

他出生在一个煤矿工人家庭。姥爷、姥姥是第一代矿工；1980年，妈妈接姥爷的岗，是第二代矿工；他的很多小时候的玩伴，后来接班成为第三代矿工。在中国很多地方，一个煤矿就是一个小社会。从小到大，他的社会支持系统比较稳固。有姥姥、姥爷的爱护，有爸爸、妈妈的陪伴，有表兄妹一起玩耍。后来，因为环境资源原因，煤矿关井，棚户区拆迁，熟人们纷纷搬向城市，整个煤矿从繁荣走向衰落。这个过程，正伴随他的青春期、叛逆期——他认为，人际关系归属感的断裂，也是他抑郁的一个缘由。

我觉得这个说法很有意思。采访的第二天，我跟他去了他从小生长的煤矿。

这个煤矿叫权台煤矿，在徐州市东郊，隶属于国有特大型企业徐州矿务集团，始建于1958年，是这一带最大的国有企业。20世纪70年代新建的东大井，俗称“八一大井”，是方圆几十里最高的建筑。煤矿年产量最高达200万吨以上，职工最多达7000多人。

可是，当我们来到煤矿时，矿区已经空无一人。那煤矿的外观仍在，是20世纪经典的建筑样式：暗红色的砖墙、青灰色的地面、斑驳的巷道，铁路桥、电车道，井口、天轮、罐笼，煤灰、锈斑、青苔……

军伟带我在矿区漫步，“长大后，我经常独自骑自行车到这里转悠。熙熙攘攘的人群早已不在，只剩下空旷的球场，停止运转的机器和一眼望不到尽头的铁路”。

“我的青春记忆断裂于此。”军伟说。

中学发病

从小学到中学，我一直是老师和同学心目中的好学生，对未来也充满期待。这个优越感在我高二期末考试时戛然而止。

那次考试，第一门考语文，我发挥得不错；第二门考数学时，突然觉得思维卡壳，该会的都不会了，只考了 60 多分。班级排名也从最前列掉到最后。

进入高三，状态更加下滑。老师不像以前那样器重我，上课不叫我回答问题，曾经的优越感消失了。我拼命学习想挽回尊严，但长期的压力引发焦虑，导致明显的躯体障碍。

有几天，我觉得腹部持续疼痛，害怕自己得了大病；越担心，腹部越疼。到月考前，所有的焦虑集中爆发了。好像有上千只蚂蚁在身上爬，肌肉在萎缩 ，胸闷、堵，呼吸困难。那天是周三，学校澡堂开放，我去洗了个澡，对着镜子照了照，感觉自己的身体好像缩小了，离死快不远了吧？

到下午最后一节课，我实在支撑不下去了，向班主任求救。班主任联系了学校的心理老师，她认真听了我的讲述，没说出个所以然。她说，如果觉得心里堵得慌，可以大声喊出来。回家的路上，我试着喊，路上人多，没敢；回到家我站在窗口对外面呐喊，但没觉得有什么改善。

焦虑造成躯体障碍，躯体障碍反过来加重焦虑，过度焦虑使我学习效率下降，看不进去书，上课跟不上老师节奏。我变得悲观，形成负面思维，看到任何事情都往坏的方面想。我尝试自我调整，比如找家人同学倾诉、做深呼吸、在纸上列出自己的长处等，效果都不理想。

再往后，情绪由焦虑变成抑郁。上体育课时，和同学一起打篮球提不起兴趣；上楼梯时，突然感觉内心空虚，会站住不动。早上五点半起床早读，坐在教室里，久久无法进入状态。晚自习练英语听力，大脑一片空白，只能一遍遍抄写着单词。深夜，每当困意来临，焦虑恐惧一次次让我惊悸，整夜失眠，白天更加萎靡，连做广播体操都闭着眼睛。上课注意力无法集中，学习效率进一步下降，形成恶性循环。

12 月底，高三第一次模拟考试即将来临，我发现还有很多内容没复习到：数列、三角函数……考试前一天中午，我再次崩溃，班主任通知了我妈妈，她赶来看我。我和妈妈坐在操场的草坪上，那时已步入冬季，凝视灰色的天空，眼前的一切都是暗淡的。晚上回家，我突然感觉全身无力，不能行走。上楼梯时，妈妈只能用瘦小的身体架着我，在黑暗中一步步往上挪，仿佛用尽了一生的力气……

一个月后，坚持到把二模考完，我再也无力支撑，只能休学。那天晚上，爸爸妈妈去学校接我，拿着行李走在前面，我跟在后面，感到落魄极了。我怎么这样？连走路都力不从心，我废了吗？

回到家，我不敢出门，怕遇到熟人问我为什么不上学。又熬了几个月，高考来临。无论如何，都得去试一试。我鼓起勇气走进考场，坚持考了下来。几个月没学习，成绩是不敢指望的，最后勉强考上江苏无锡一所专科学校，学汽车检测与维修。对这个专业我毫无兴趣，不过总算是上大学了。

找错了病因

我希望大学是一个新的开始，暗下决心，要通过吃苦锻炼意志品质。那时我不知道自己病了，只觉得是自己不能吃苦，意志品质差，才导致状态不佳。

开学第一个月是军训，我非常努力，被评为“优秀个人”；食堂招勤杂工，我报名负责收拾餐桌；每天早晨起来，我去操场跑步，在宿舍楼爬楼梯，或者在阳台上蹲马步。早饭通常吃两个馒头，或者不吃，用饥饿来锻炼意志。

课余，我还会去学校门口摆地摊，卖水果、卖手机挂件。不是为了挣钱，而是为了克服虚荣心。后来我想了一个更绝的方法：我不是好面子吗？那就去操场上大喊大叫，让别人来嘲笑我。于是，我每天早晨去操场上喊嗓子；午饭后回宿舍的路上喊两嗓子；晚上下自习后再到操场喊几嗓子。每次喊完，路过的人都诧异地看着我，以为我是神经病。为了锻炼意志，我顾不得那么多了。

我还一个人到荒郊野外过夜。有一次翻过栏杆，闯进学校的后山，一边爬，一边大喊着，给自己壮胆。就这样从干枯的树丛中攀上山顶，直到半夜才摸着下山。

就这样，凡是能够提高意志力的方法，我都尝试过。坚持了四个多月，发现自己的心理承受能力并没有提高多少，绝望感、焦虑感也没有减退。我对这个方法失去信心了。

期末考试时，抑郁、焦虑再一次爆发。我不甘心，觉得训练强度还不够，于是每天晚上都徒步 20 多公里。那段日子我像疯了一样，吃完晚饭，就背着书包徒步训练。有一天，心里特别难受，打算绕东蠡湖走一圈，走着走着，发现不太对劲儿：周围的环境很陌生，旁边已经看不到湖面。我迷路了。

那时已是午夜 12 点，我已经走了整整 5 个小时。筋疲力尽，绝望感又向我袭来。我身上没带钱，没法打车回去，而且这儿很偏，根本见不到出租车。向路人打听，知道这里是太湖新区，离学校有十几公里。这时室友给我发了一条短信，问我这么晚了怎么还不回来。我告诉他我迷路了，他让我尽量朝繁华一点儿的路段走，他打车来接我，才终于回到了学校。

寒假回家，我继续采用这种疯狂的模式，每晚都到小区花园里步行一个多小时，每天骑着自行车到市区找兼职。那时我把兼职也作为训练心理素质的办法。我去酒店做服务员、端盘子，一个人负责五桌。盘子非常大，又重，经常五盘菜一起端，确实是对体能和力量的考验。散席后，还要把桌上的餐具饭菜端给洗碗工，等统统干完，常常衣服都湿透了。

吃了很多苦，但我的病情依然没有起色。我向父母提出去参军，认为只有参军，才能提高自己，硬是被父母拦了下来。

军训，食堂当小工，校外摆地摊，在饭店做兼职，饥饿训练，体能训练，野外求生……各种锻炼意志、提高心理素质的办法都失败了。我不知道该怎么办，该相信谁，迷茫、空虚……

药物治疗失败

患病之初，我对药物治疗是抵触的。2009 年底，高三上学期，爸爸曾带我去当地医院看病。医生诊断我为抑郁症，开了帕罗西汀。因没有明显效果，我没有严格按医嘱服药，病情反反复复，四年后自行停药。

随后两年里，我接受精神分析治疗，效果也不理想。绝望中，2016 年 1 月，父亲带我去北京求治。

我去了北京一家专科医院，首诊进行各项检查、测试，显示我处于中度焦虑、强迫、抑郁状态。医生给我开了两种药：舍曲林和律康，并嘱咐我：精神类药品在大脑中起作用需要一段时间；舍曲林和律康联合用药可抗强迫；青年人的成长是一个动态变化过程，有问题不能完全归咎于抑郁症，有时和生活事件密切相关。

从这时起，我下决心开始足量足疗程服药。

不过，此次用药没有效果。2016 年 3 月 7 日，我和父亲再次来到医院，换了一位有名气的医生。他看了我的药单，说："这还差一点儿，我再给你调调。"说话间新加了四种药：文拉法辛、奥沙西泮、阿立哌唑和盐酸苯海索片。看着他自信的神态，我心里有了底。之后几次复诊，我又尝试了兰释、劳拉、欣百达等多种药物组合。

6 月 20 日，我再次来到北京安定医院。排队挂号时，耳边传来令人绝望的嘶吼。转身望去，大厅一角站着一位 20 岁出头的青年，穿着破旧衣服，双手不停地抽自己耳光，打得脸蛋通红，旁边一对夫妇呆呆地站着。这一幕让我心情沉重。

这次复诊，医生询问我状况是否有所改善，我摇摇头，他无奈地调整了用药方案：律康减两粒；兰释中午增加到两粒，晚上增加到四粒；直接停掉了阿立哌唑和盐酸苯海索片。

从北京回到家，我按新方案服药，感到特别困，身体乏力，这大概是药物的副作用。又坚持了几天，我再赴北京。这回医生也表示无能为力，建议我向医院申请联合会诊。

过了几天，医院为我安排了三位资深专家。经过讨论，他们停掉了我之前服用的所有药物，只留舍曲林一种药，一天一粒。

我踏上了归程。靠在车窗上，回想起半年多来数十次往返，花了几万元钱，尝试了十几种药物，承受着各种副作用，却没有得到预想的结果，眼泪"唰"地流了下来。我靠在爸爸的肩膀上号啕大哭……

心理治疗错位

药物治疗无效，我的心理治疗之途也是布满坎坷。

最初的心理咨询，其实只是宣泄。当时我还在学校，心理咨询室的老师给我讲了大禹治水的故事，说遇到负面情绪要及时疏通。于是我天天跑到她那里诉苦，时间久了，心理老师也麻木了，我便不再去了。

后来去医院就诊，碰到一位心理医生。他告诉我，我的症结是“缺乏斗志，害怕失败”。这也是我最初试图通过“磨炼意志”战胜抑郁的渊源。

毕业后，我找到一位咨询师，接受精神分析疗法，历时两年多，咨询 40 多次，花费几万元。收获是了解到自己疾病与童年经历有关，对自己有了比较清晰的认识。

第一次咨询，他对我提出一个问题：“为什么在表演自己？”我归因于自我要求高，比如工作时担心自己动作慢而被批评；和喜欢的女孩交往时，担心自己不爱说话、缺乏情调被拒绝。特别是单独约会时，双方都不说话，于是费尽心思找对方感兴趣的话题；又担心说错话，让对方反感，每次约会我都筋疲力尽。

他接着向我提出：“为什么过于恐惧别人的否定，在意别人的看法？”我说，希望超越身边比我强的人。

他又问：“为什么一定要得第一？”我谈到以前很多同学都比我强，我得了第一名后，会有一种超越他人的优越感，得到家人和亲戚的肯定。

他又问我："这些要求靠谱吗？"我承认我是想集身边所有人的优点于一身，这种幻想使我愉快，所以我更害怕被否定。

于是这位心理咨询师做出结论：我是过于理想化，导致害怕失败；两者互为因果而非并列关系。在他的指导下，我开始做"放下"的努力。

要想全部放下，先从局部解放开始。两年多来，我时刻提醒自己，无论做什么事，都不能有太高的要求，要接纳现状，做平凡的人。但是另一面出现了：我整个人变得越来越压抑，越来越迷茫。

两年后，这位心理咨询师得出结论：我把心理咨询当成维系理想化自我的手段，已无药可救，并嘱咐我，什么时候领悟其中的内涵，再来找他。这仿佛给我宣告了死刑，我再次陷入绝望。

时至今日，我认识到，这位咨询师的观点，从理论上说是有道理的，很多人得了抑郁症，都可以归因为完美主义，性格好强、要面子，对自己要求苛刻等。但是，人们毕竟生活在现实中，很多抑郁症患者，尤其是青少年患者，能否接纳现状，接纳程度如何，还取决于他处于一个什么样的生存环境，能否适应激烈的社会竞争，走好人生的关键几步，等等。

关于"接纳"一词，我的理解是：接纳抑郁焦虑所带来的症状，在保证生活质量的同时实现自我价值。追求完美没有错，但需要弹性，行动才是最好的治愈。

有一次，和另一位心理医生谈起这个问题，他反问我：别人也追求完美，为什么他们没病？这句话把我从自以为是的治疗中惊醒。

的确，“完美主义”本身没有错，这是人类对美好的追求和向往。也许差别在于，当完美实现不了时，有的人能够适时调整期望值，而我不能。在理想与现实之间，他们的追求是有弹性的，而不是偏执地去追求达不到的目标。这么说来，我的追求是一种逼迫。

那么什么时候该坚持，什么时候该放弃？后来我读到一篇文章《什么是科学有策略地坚持目标》，其中谈道：坚持与放弃，并不像人们想象的那样是相互对立的两个极端，而是一个连续谱。在这个连续谱中，坚持可以表现为从一而终的追求、持久不变的努力；面对相同的目标，可以通过不同的方式去实现。我们可以坚持以某种方法实现某个目标，但目标的大小难易，或者实现的期限，是可以调整的。

弹性如何把握？尼布尔曾说过：“上帝，请赐予我平静，去接受我无法改变的；给予我勇气，去改变我能改变的；赐予我智慧，分辨这两者的区别。”

智慧从哪里来？我想应该从日常实践中来，通过不断尝试来认识自己，认识环境，从而调整自己和外部世界的关系。

完美主义会使我们反复思考同一个问题，这就叫“思维反刍”。如何避免？我的经验是：首先考量这个事情的难度，在本子上列出关键所在，可能有哪些解决的办法；其次给自己规定思考这个问题的时间，在规定时间内想不通就不再继续，转移注意力去干别的。我后来发现：由于人的实践经验及知识的局限性，很多问题现阶段无法解决，当知识与阅历到达一定程度自然就会解决。

更重要的是，完美主义要与自我实现相结合。马斯洛谈道，“自我实现的人是完全自由的，支配他们行为的因素是来自主体内部的自我选择；自我实现的人在其非常喜爱的工作中显出巨大的潜能；自我实现的人是摒弃了自私狭隘的人；自我实现的人是创造性的最终体现”。

在这个意义上，完美主义没有对错之分。正是执着于所热爱的事情，全身心地投入，才使一个人找到生命的意义与存在的价值；而这也才能最终摆脱抑郁。

在心理治疗这一块，我还接受过认知行为疗法。

认知行为疗法的原理是：影响一个人的情绪、生理反应和行为的是他对这件事情的认知，而不是这件事情本身。一个人的精神障碍或者心理行为问题，与其负面思维有关，如果能将其负面思维转变为积极思维，就能改善症状。

认知行为疗法强调，要把认知和行为改变作为切入点，打破来访者的恶性循环。以我为例，假设某次考试没有取得理想成绩（事件 a），我觉得很丢人、羞耻，害怕下次还会失败（认知 b）；从而产生沮丧和焦虑状态（情绪 c）——这是一个常规的流程。

那么，改变的思路可以是：“考试成绩不理想，这不是坏事，它促使我反思，总结失败的原因，及时改正，这或许是提高自己的机会。”——这就可以有效地改变情绪。

这种疗法似乎立竿见影，但后来我认识到，认知行为疗法的精髓在于行动。仅仅调整认知当时也许会豁然开朗，可没过几天，负面思维又会再次占领大脑。负面思维的消除是螺旋式上升的过程，只有通过相应的积极行动不断强化认知，促进情感解冻和领悟，进而启动自我发展和疗愈的力量，才能最终收效。

苦涩的爱情

和其他年龄段相比，青少年抑郁的麻烦是，疾病挡不住青春的脚步。升学、恋爱、工作……每一位抑郁少年都必须面对。一步耽误，步步被动。

因为抑郁，学生时代我没有谈过一场恋爱。直到现在，我还想找一个带有学生气质的女孩，善良，可爱，纯真。终于在2014年底，我23岁，家人给我介绍了一位女孩，是我喜欢的类型。我鼓足勇气约她见面，一起吃饭时，担心冷场，强迫自己找一些话题，旅游、电视剧、综艺节目……还不忘给她夹菜、倒茶。至于说了什么，我都不记得。把她送上车后，我才长出一口气。

后来我每天给她打电话，中午打一个，晚上打一个。内容大概都是：吃了吗？工作忙不忙？然后向她汇报我的工作情况。有时她会问问我的家庭。她声音很小，我把手机压在耳朵上，还是听不清，只能回答：“嗯……是的……”每次聊完，额头上全是汗。

“如果再见不能红着眼，是否还能红着脸”，伴随着大提琴悠扬的旋律，我们一起去电影院看《匆匆那年》，唤起了我对学生时代的怀念。我身边的她也有这样的气质，我时不时转头看看她，想和她说话，还想牵她的手。她看得入神，我什么都没敢做。

上班的时候，脑海里会浮现她的样子。我鼓足勇气买了一捧鲜花，在她家门口等她。那天，她陪我一起去玩，回去后发信息：谢谢你送的花，很好看。

圣诞节快到了，我寻思给她买一件特别的礼物。在一家超市偶然发现一个心形礼物盒，用来装苹果她应该会喜欢。平安夜那天，我用袋子把礼物包好，还放了几个冰糖橙。一起吃饭的时候，我把礼物给了她，她表示感谢。

但她对我依旧不冷不热。年底的一天，我早早到她单位门口等她下班。我们并排走着，我尝试牵她的手，她松开了，半天没说话。晚上我给她打电话，问她对我是什么感觉。她说觉得我太单纯，不会哄女孩开心。我说我正在走向成熟，她说陪我一起走向成熟会很累，她想找一个能懂她、关心她的人。

挂了电话，我一个人坐在地板上，待了很长时间。

从那之后，我的恋爱观发生了改变。我对自己说，要不断学习，提升自己，确定自己未来的发展方向。对爱情我不再刻意追求，要在不断完善自我的过程中等待那个对的人出现。

先养活自己，再实现自己

从高三至今，各种症状伴随了我10年。药物治疗、心理治疗效果都不尽如人意，但人生的任务一个也不能免除。

青春期抑郁是不幸的。人生的关键几年，一步跟不上，就会被抛出生活的轨道。幸好我没有颓废，还在努力适应社会，这或许是我能最终走出抑郁的重要原因。

大学毕业后，我在汽修厂、4S店做过维修工；尝试过做销售、为节目配音；想过经营奶茶店；又遵从家人建议，自学临床专业，最后都不了了之。

我曾在亲戚的公司帮忙，后来选择离开，独立进入社会。很快找到一份超市收银员的工作，边干边学习心理学。虽然收入微薄，但我愿意从基层做起，靠自己的努力生存。

工作不复杂，但带着症状的我，必须全力以赴。每天，我会提前一个小时上班，做好各项准备。先预习工作流程，清洗打扫，领零钱、密码纸、发票，备好塑料袋。顾客来了，输入顾客会员卡号，商品逐一扫码，解磁扣，收钱，找零；下班前，我请会计核对我的收银报表，没有误差再走……回到家做个小结，工作中存在哪些问题，列出解决方案；哪些方面取得进步，给予肯定。

不久我换岗，调入仓库烟酒科。我从头学起，先用铲车把成堆的饮料拉到后仓，再把每箱饮料搬上仓位，多余的饮料打成堆转到外仓。每天下班，红马甲上布满了汗渍。这么大的工作量，我的身体难以承受。我每天增加两个小时的力量训练，也不管用，苦撑半个月后不得不选择放弃。

后来又找到一个维修公共自行车的工作。刚开始，因不熟悉站点位置，维修任务重，我情绪有些焦躁，回到家总是很累。后来，我把工作分成“紧急”和“非紧急”两类，紧急的优先完成；再把剩下的工作分成“有难度”和“容易”两类，先处理容易的，等有时间再静下心处理有难度的。遇到无法处理的问题，及时和同事、上司沟通，寻求解决办法。就这样逐渐适应了工作。

这几年，我做的工作没有一样是自己喜欢的，但磕磕绊绊也学会了不少东西。在4S店掌握了简单的电器维修；维修公共自行车开车到处跑，我对本地城市道路熟记于心，将来说不定可以做出租车司机。在社会上独立生存，为我今后考研、学习心理学提供了保障。

这话说得似乎很辛酸，但现实就是这样残酷。大学毕业时会有梦想，有远大目标，但当梦想无法实现，或者还不知道自己适合做什么时，首先要做的是能独立生存，不靠父母养活。

重塑社会支持系统

回过头看，我抑郁还有一个原因，就是社会支持系统的断裂。

小时候，我的社会支持系统是良好的。我在煤矿长大，儿时的记忆快乐而温馨。那时我最喜欢过年，不用看书写字，和小伙伴们一起放鞭炮、做游戏。大年初一，矿里的球场上举办各种表演，大人们围在一起观看，小孩子挤在里面凑热闹。

后来，棚户区拆迁，煤矿关井，本矿劳动力向外输出，整个煤矿从繁荣走向衰落。我家也搬到城市，亲戚同学之间离得远，见面机会少，关系逐渐冷淡。我站在小区的楼下，过往人群从我身边经过，几年过去，依然记不清他们的面孔。左邻右舍几个星期才见一面，寒暄几句便消失在视野中。

恰在那一段时间，我抑郁了，变得自卑与胆怯，不敢与人交往，尤其是和熟人。毕业后同学各奔东西，我工作不断变动，恋爱受挫，和社会愈加隔阂。

很幸运在这时，我的生活中出现了两个契机，其中之一是加入了“渡过”大家庭。

2016 年初，我关注了“渡过”公众号，是公号的第一批读者；而后，我给公众号投稿，进入公众号作者群。这个群有患者、患者家属，有精神科医生、心理咨询师、学者、公益人士。他们有科学严谨的思维，开放的态度，人性的关怀，给了我强大的支持；他们每个人都有自己的传奇故事，所展现出的坚强、勇敢、智慧，给予我无私的守护与爱。这是我重建社会支持系统的起点。

另一个契机是我开始跑步。我在“渡过”公众号上读到一篇文章，《如何通过跑步治愈抑郁症》。作者患病后，千方百计寻求自救之道，效果都不理想，最后尝试跑步，历尽艰难，终于治愈。这篇文章给了我很大信心。

2016 年 9 月，我下决心开始晨跑。最初缺乏经验，有次跑完后洗澡，着凉感冒，头晕，浑身无力。我拖着疲惫的身体坚持工作，感冒未愈又拉肚子，这期间抑郁有加重的迹象。我意识到身体健康对情绪的重要性，决定病好后恢复跑步。

10 月初，我的身体逐渐好转，重新起跑。起初只能跑 2 公里，渐渐地，3 公里、4 公里……一个多月后，能跑 5 公里，我对自己有了信心。

就在这时，脚指甲发炎，不得不中断跑步计划。康复后，我吸取教训，每次跑完步先洗脚，把汗渍洗掉，勤修剪指甲防止复发。两个星期后，脚后跟又起了水疱，总结原因，是鞋带系得松，鞋子尺码偏大。我更换了合适的跑鞋，系紧鞋带。这段时间，我以骑行保持体能，等水疱好了继续开跑。

进入 12 月，天寒地冻。我先天体质差，穿的衣服多。寒冷天气对我是最大的考验。跑出 3 公里后，身体开始流汗，前胸和后背被汗水浸湿，寒风吹过，通过缝隙“穿”进皮肤里，像针扎一般。

12 月底，我隐约感觉膝盖疼痛。询问跑友得知，一是跑步过于频繁，二是腿部力量不足，三是没有做跑前跑后拉伸，四是跑姿不正确。

我逐一解决这些问题。先是调整了跑量，从每天 5 公里降到 4 公里，以每次跑完后没有明显疲惫感为标准；增加间隔的时间，一周三次到四次，以月为单位，循序渐进提高跑量；平时增加深蹲、抬腿、踮脚、平板支撑等训练，提高腿部力量。

一位热心的朋友给我分享了两篇文章，谈如何做跑前跑后的热身和拉伸，以避免受伤。我按照视频上老师的动作演示，一步步跟着学。第一个动作前后踮步，快速激活小腿肌肉，同时起到热身效果；第二个动作交替踮步抬腿，激活大腿和髋部肌肉，同时热身；第三个动作大腿前后侧肌肉牵拉，能增加肌肉伸缩性，避免肌肉拉伤……

进入 3 月，春暖花开，万物复苏。我在湖边慢跑，身体重心略为前移，作为前进的动力；收腹，挺胸，抬头，双眼平视前方，大腿和臀部肌肉拉起小腿，双臂上下垂直摆动，双脚与地面轻盈接触，均匀地呼气吸气，所有动作逐渐趋向于同一个节奏。

在不断奔跑的过程中，我能感受到内心积压的负面能量，通过呼吸一点点被清空。此时跑步已不再需要毅力去坚持，相反被轻松愉悦感所吸引，不想停下来。一望无际的湖面，星星点点的嫩叶，微风吹过脸颊，此时此刻我享受着当下，心中的焦躁感和负面思维逐渐消失，情绪慢慢趋于平静。

这时你能感受到胃肠道在蠕动，想到跑完步去吃些什么美食，或者联想到跑完后把运动数据分享到朋友圈，得到伙伴们点赞支持。当收到一些素未谋面的朋友的鼓励，内心会有一丝欣喜。

2017 年初，有朋友建议我参加跑团。跑团每周六约跑，有专业教练带我们跑前热身，热心人士提供贴心补给；跑步过程中，大家三五成群，按照自己熟悉的配速跑。从陌生人身旁经过，他们投来关注的目光，那一刻我无比自豪。跑完后，大家畅所欲言，交流跑步心得，越来越像一个大家庭。

坚持跑步一年，我的身体素质明显提高。过去抑郁加重，多半是身体不适引起。现在身体状况好转，心情愉快，食欲增加，免疫力提高，形成良性循环。

因为“渡过”作者群，我感受到温暖和肯定，不断发掘自身潜能；因为跑团，我增强了体质，改善了焦虑抑郁状况。这两大群体重塑了我的社会支持系统。

人生最好的礼物

时至今日，我的抑郁症已经好转。我在反思：我的病因是什么？又是怎么好起来的？

我想，我不是独特的，而是这一代“80 后”的缩影。从 20 世纪 80 年代起，中国传统家庭格局改变，一家一孩，人际关系单一。孩子成了家庭的核心，一出生就被装在一个盒子里，呵护着，封闭着，承载着父母和家族的希望。从小学到大学，成绩成了家长、老师评价孩子的唯一标准。在这种只注重学习、不关注能力培养的教育模式下，青少年缺乏认识自己、与人沟通、调整情绪的能力，心理不健康的种子就此埋下。

等这批孩子长大到 17 岁至 27 岁，进入人生剧烈变动期，面临高考、选择专业、就业、结婚、建立社交圈等各种挑战，此时突然发现，自己从来没有决策过，而面对的问题已不再是考试那么单一；所做的每一项决定，都对未来有着深刻影响。此时的他们，迷惘、惶惑，心智尚不成熟，缺乏社会支持，非黑即白的人生信念和价值观很容易倒塌，精神疾病多在这一阶段发生。

由此可见，青少年精神障碍不是单一因素的结果，只能多管齐下，寻求综合解决方案。就我而言，药物、心理、社会、运动，我都尝试过。

首先，服药尽管效果不明显，但肯定是有用的。记得最后一次在北京联合会诊，医生觉得我用药无效，干脆大幅度减药，只留舍曲林一种。没想到，减药后，我的状况反而慢慢好转。我后来认识到，我的病，不是抑郁症，而是神经症；我的焦虑、强迫等神经症表现，存在一定的生物因素，目前药物无法根治。

这就是说，我是由神经症引发的抑郁症状，抗抑郁药物只能缓解抑郁，不能去除焦虑；用了大量的抗抑郁药，其副作用会影响情绪，加重各种症状。这或许是减药后，我反而逐渐好转的原因。

从刚开始排斥用药，私自停药；到重新治疗，寻找适合自己的药；再到大剂量联合用药；再到单药维持——这是我的全部用药经历。

我不后悔当初接受药物治疗，毕竟药物不是对所有人都有效；在黑暗中摸索，从失败中吸取经验，这个过程是艰辛的，必须怀着一颗勇于尝试的心，敢于承担药物无效和产生副作用的结果，才能最终找到适合自己的治疗方案。

其次，心理咨询对我是必要的，但要找到一个适合自己的咨询师，很不容易。后来我自学心理学，做自己的心理咨询师，反而逐渐收到效果。具体而言：人本主义是我运用的主要理论；精神分析让我了解到疾病的深层原因，以及童年成长经历与疾病的关系；森田疗法让我不过度关注自身症状，全身心投入生活；认知行为疗法让我养成了记日记的习惯，每当陷入自我否定，我会写进步日记，列出最近取得的成就，防止对自己过度苛刻。

目前我最常用的是认知行为疗法。遇到问题，先行为激活，以正面积极的状态替换抑郁消极的状态，获得可掌控感；继而实施认知改善、思维监控、情绪条件反射，同步做家庭作业；最后解决导致抑郁的心理创伤、人格问题。这是一个系统化的集群技术。

最后，就是独立谋生，融入生活。这些年，我从来没有因为抑郁放弃工作。我知道，一旦脱离社会，只能离正常的生活渐行渐远。哪怕工作不尽如人意，哪怕遭受冷眼和蔑视，我也得咬牙坚持。

这些年我自学心理学，很喜欢马斯洛的需求层次理论。他把人类的最高需求定义为“不断实现潜能、智力和天资”“完成天职、命运或禀性”“在个人内部不断地趋向统一、整合或协同动作”，我由此想到，生存只是我的最低需求，只有确立未来的发展方向，活着才谈得上价值。

那么，我的方向在哪里？再三思考，我发现近年来抑郁越来越低龄化，青少年抑郁已经成为一个严重的社会问题。自我审视，我患病这 10 年，正处在青春期，经历了高考、就业、建立社会关系等各方面的挑战。我艰难地走完了这个历程，有义务和那些还处在抑郁旋涡中的弟弟妹妹们分享一些经验，帮助他们渡过难关。

我确立了人生方向：自学心理学，通过考试拿到学士学位；再考心理学研究生，把青少年抑郁作为主攻方向，实现自我价值。

抑郁让我深刻思考生命的意义，如果没有抑郁，也许我永远无法知道自己为何而活，未来将走向何方——这正是抑郁带给我最好的人生礼物。

我们在矿区边走边聊，不知不觉过了两个多小时。整个矿区走了一遍，多年盛衰尽收眼底。

准备离开矿区时，军伟说了一句："我姥姥和姥爷还住在这里。"

我一愣，问："不是都搬走了吗？"

军伟说，像他这样的年轻人大多数都走了，还有一批老职工恋旧，不愿意离开；有的搬进城，最后还是回到这里。比如他姥姥、姥爷退休后，矿上给他们在城里安排了房子，但老两口把房子让给儿女，自己回矿上住。他是姥姥、姥爷带大的，现在隔三岔五也会回来看望姥姥、姥爷。

时间还早，我提议去看看他姥姥、姥爷，军伟就带我来到了煤矿工人村。

在中国，煤矿是个劳动密集型企业，特别是建于20世纪50年代的老矿，职工人数众多，要配套各种生活福利设施。权台煤矿也是这样，矿区之外有生活区，职工宿舍、食堂、医院、学校、邮局、粮站一应俱全，是一个五脏俱全的小社会。

来到工人村，发现这里比废弃的矿区要兴旺得多。一排排筒子楼、平房，虽然年久失修，老旧破败的模样，却人烟稠密，只是很多人家已是外地的租户。军伟说，那时他家在村西头，屋后是劳保办，老年人总在那娱乐，小时候隔着窗户就能听到姥爷打牌的喧闹；姥姥家住在村东头，旁边就是学校，每天上学他从姥姥家门口经过时，总要吆喝一声："姥姥，我走了！"……

姥姥看到我们突然到来，意外且高兴。这是一座有几十年历史的老宅，房间狭小昏暗，摆设都很陈旧，是20世纪80年代的感觉。老人家80多岁了，身体健康，衣着整齐，白发梳得一丝不乱。看到军伟，满眼都是慈祥。

军伟又到里屋看姥爷，老人躺在床上没有动静。姥姥说，他听不见，过去在井下挖煤，打眼放炮，把耳朵震聋了；后来又得了矽肺病，喘气费劲，只能在床上躺着。

两个80多岁的老人这样生活着，我心情很压抑。但军伟的姥姥却是快乐的，也许是看到我们高兴吧，她一刻不停地说着话，中气十足。这么健康乐观，多少让人觉得些许安慰。

说话间，姥爷在里面叫唤，姥姥赶紧去照顾。军伟对我回忆起小时候的场景：姥姥推着四轮车，他坐在车前头，姐姐坐在车后头；再往后，姐弟俩大了，小推车带不动了，姥姥改成拉货车，他在前面跑，姥姥在后面推着；有一次他生病，姥姥见他放学没来，知道他在医院了，端着热气腾腾的饭菜送到他面前……

正说着，楼外突然传出“噼噼啪啪”的鞭炮声，震耳欲聋。在昏暗、空气似乎凝固住的小房间，这声响虽然吵闹，倒也显出生气和活气。

又坐了一会儿，我们告辞了。军伟的姥姥送我们出来。一出楼，见到阳光丽日，外面围满了人，热热闹闹。这天是双日子，小小的工人村有一家在办婚事。新娘新郎身着盛装，款款而行；一长串黑色的轿车，排场一点儿不比城里差。

煤矿衰落了，但生活在继续；那满地的红色的鞭炮纸屑，就像是鲜艳的梅花。

（本文自述部分为军伟所作）

上海屋檐下

（一）

我在人潮涌动的十字街头等她。这是上海初夏的傍晚，阳光质地金黄，半条大街都被涂上一层金色。正是下班高峰，人们的脚步显得匆忙。马路对面，一位背着蛇皮袋的异乡人茫然站着，似乎不知道该不该往前走；斑马线上一位妇人走得太急，把牵着手的孩子带了一跤；夹着公文包的白领、西装革履的房产交易员、头戴黄色安全帽的民工交错混杂，上海已经是一个外来人口混居的都市了。

“张老师！”一声清脆的叫声在身后响起。转身的工夫，她已穿越人流快速走到我面前。

她叫秋月，一名双相患者，也是我“渡过”公众号的作者之一，陆续发表了三篇文章。前两篇讲述她病中的生活，我知道她文笔不错。引起我注意的是第三篇，讲述她病情缓解后，到上海旅游，没想到来了就不想走；一边游玩一边向几个公司投递简历，居然收到了面试通知；面试当天敲定了工作，接着找房子，和几位外地姑娘成为室友，新的生活就这样开始了。

对于一名抑郁症患者来说，这是多么传奇的故事。我决定录用这篇文章，不假思索地把标题改为——《上海屋檐下》。

后来，为写作本书，我特地到上海采访了她。

（二）

对于秋月，我想了解她的治疗过程，但更让我感兴趣的是，她为什么会用这样一种戏剧性的方式留在上海？

我了解抑郁症患者。且不说患病期间情绪低落、精神萎靡，即使临床病愈后，很多人也会有残留症状，情绪、动力、能力或多或少受到影响；而上海惯有“魔都”之称，常人生存尚且不易，她三十好几，大病初愈，囊中空空，举目无亲，怎么就敢放下既有的一切，孤身独闯大上海？是深思熟虑，还是一时的冲动；甚至，会是抑郁后的转躁？

听完我的一连串疑问，秋月笑了，好像料到我会有此一问。她说，这个问题在很多人看来不可思议，其实顺理成章。她原本就喜欢旅行，这些年忙于求学、职场打拼、买房婚恋，一路向生活妥协，从来没想过照顾自己的愿望。总觉得人生还长，时间有很多，一切都来得及。抑郁症无疑是她人生的一场劫难，饱受病痛的折磨，曾经简单的愿望也变得遥不可及。病中的她发愿，如果能好起来，一定要去实现自己曾经想做却没有去做的愿望。

经过近一年的治疗，2017年春节过后，她病情稍见稳定，就一个人带药踏上了寻梦之旅。先到北京，然后青岛，最后抵达目的地上海。

做出这个决定对她来说并不容易，首先得评估自己能否应对路上的状况，因为抑郁症急性期发作时，她丧失了基本的社会功能；其次是要征得父母同意，毕竟还在治疗期，父母很担心她在路上能否按时服药。

“我一下子就喜欢上了它。”虽然是第一次来上海，她却觉得无比熟悉，好像这个城市一直在等待着她。没怎么费力思考，应聘、找房子、购买各种生活必需品，一个星期后她就在上海开始了新生活。

听到这里，我打断她的话，给她讲了我钟爱的毛姆的小说《月亮和六便士》中的一个故事：

在毛姆那个时代，伦敦有一位年轻的医生，才华横溢，前途看好，升职前夕到地中海做一次旅行。一天早晨，他乘的那艘货轮在亚历山大港靠岸，他从甲板上看着这座阳光照耀下的白色城市，码头上的人群，衣衫褴褛的当地人，从苏丹来的黑人，戴着平顶无檐小帽的土耳其人。突然间，他的心境发生了奇异的变化，好像晴天响起一声霹雳，又好像得到了某种启示。他感到一阵狂喜，有一种取得无限自由的感觉，就像回到了老家。他当时就打定主意，要在这里度过一生，于是就收拾行李登岸了。

“哈哈哈，”秋月笑了，“没有这么夸张，但我确实在这里找到了亲切和安宁的感觉。病中各种症状太让人痛苦，我想把所有痛苦的回忆都留在过去，在一个新的城市开始新的生活。”

我问她：“你考虑过现实问题吗？比如，生活能不能维持？你的病刚好，这里又没有亲人，万一复发怎么办？”

她坦言：“我不会像过去那样，要把一切都计划好。现在我想做就做，因为你永远不知道明天和意外哪个会先到来，就如同我做梦也没想到我会得抑郁症。我经历了一次意外，庆幸老天让我满血复活，所以我很珍惜眼前的一切，一草一木，一饭一蔬。我更想抓住当下。”

她回忆，毕业工作两年后，在父母资助下买了一套公寓，开始确实高兴了一阵子，但很快就觉得人生有了限制。仅仅20多岁，就被房子、感情套牢，终老于此，她不甘心。“那时也不是没想过出外闯荡，但一对比家的安逸，想到独自一人身处他乡，种种不安就把我的勇气吞噬了。”

然而，一场突如其来的疾病让她失去了一切：爱情、工作、金钱、名誉……她已经没有更多可失去的，曾经的胆怯与恐惧烟消云散，取而代之的是解除了禁锢的自由，就像突破了人生的天花板。

上海的夜晚，华灯初上。吃完晚饭，我和秋月在街头漫步。她对我讲述了她患病前前后后的事情。

患病前后

我是“80后”，出生在北方一个小县城的普通工薪家庭，生日在中秋节的第二天，颇具文学素养和浪漫气息的父亲给我起名秋月。这个名字如此附庸风雅，却又俗不可耐。我一直觉得是这个名字导致我性格敏感、阴柔，可是多愁善感又好像是与生俱来的。

原生家庭对我影响很大。父母关系不和，我从小就过分敏感，能够感知到别人细微的情绪变化。在同辈的孩子中，我的感受往往和他们不同，大人们都说我懂事早。

四岁时，妈妈生下弟弟，我清晰地记得弟弟出生那天的画面。很多大人来到家里，我从外面穿过走廊走进房间，爸爸站在屋门口，我趴在妈妈枕头旁摸她被汗水打湿的头发，内心仿佛失去了什么。弟弟出生的时候我只有四岁，那么小的孩子居然如此敏感，现在想想也觉得不可思议。我内心曾一度讨厌这个弟弟，觉得他分走了本属于我一人独享的父母的爱，还有其他的东西。可是在小时候，又常常只有我们两个相依为伴。

多年后我深陷抑郁，这个我曾经很讨厌的弟弟，居然成了我唯一活下去的理由。我从心底里感谢父母给了我这样一个弟弟，让我在尘世不是孤单一人，能有所牵挂。

由于父辈说不清道不明的恩恩怨怨，爷爷奶奶没有帮忙照顾我和弟弟。妈妈总会跟我们讲，她当年带我们有多不容易。每当她提起往事，不等她说完，我就可以接过她的话继续说下去。

我对父亲感情很复杂。一方面是女儿对父亲深深的爱恋，另一方面是对他年轻时沉迷赌博让妈妈伤心的怨恨。印象深刻的是，上小学时，父亲送我上学，常常因为赌博而迟到，我因此没当上少先队员，很是伤心。类似事情还有很多，我对父亲渐渐失望，继而愤怒。感觉在父亲的世界里，只有麻将是最重要的，我和妈妈、弟弟都可以搁置一边。

我从小很自律，学习上不用父母操心。我知道如果自己努力学习，取得好成绩，妈妈就会开心。看多了父母之间的纠葛，母亲经常对我和弟弟说的一句话是：如果不是为了你们，我早就和你爸离婚了——每每这个时候，我心里都在怒吼：不要为了我们，你快去离吧！每当此刻，深深的无力感都会包围着我，让我透不过气。

长此以往我学会了逃避，假装一切都没发生过，假装自己很快乐，假装自己很强大。面具戴久了就分不清哪个是真实的自己了，只有夜深人静的时候，那个弱小、可怜的我才会钻出来看看外面的世界。朋友眼中的我是那么无坚不摧、自信满满，只是没人看到我背地里的害怕和恐惧。

早年家庭的影响让我恐惧婚姻，内心的不安全感是外人无法理解的。到了适婚年龄，父母催促，周围人议论，我也想把自己早点儿嫁出去。我在网上结识了一个人，父母亲都很反对。母亲不满于他来自农村，经济条件差；父亲愤怒于他只有小学文化，没有正式工作，配不上硕士毕业的我。

而在我的心里，他们的反对无效，因为他们自己都没经营好自己的婚姻。在我的执着坚持下，我们还是在一起了。这是厄运的开始。

为了买房，他贷款开了一家快餐店，开业不久资金周转出现问题，我奋勇为他筹资。开始透支信用卡，之后是小额贷款，再后来是到处借钱，家人的、同学的、朋友的……几乎透支了我所有的信用。

这一切我没有告诉父母，而他什么也没说就默认了。但店里的生意一直让人失望，每个月都是亏空。他让我去借小额贷款，以债抵债，无奈之下我只能同意。

经济上的窘境让精神压力很大，也无人诉说。就在这个时候，我接到噩耗：我最亲爱的姥姥去世了。我和姥姥很亲密，有时候觉得她比妈妈更懂我。小时候有什么心里话我都喜欢跟姥姥说，姥姥很耐心地听我说，并帮我分析。姥姥是我生命中最重要的人，她的离开对我打击很大，我有点儿不知所措。连夜赶回家，一路上眼睛里都是泪水，姥姥最后一程我是要送的，就像小时候她陪着我一样。

姥姥去世以后，我常在晚上哭泣，说不出的压抑。每当这时，我会抱着姥姥的遗物哭一会儿，大概从那时候起，我感觉到自己有些不太对劲儿，说不出的难受。每天就是上班下班，不想做饭，也不想洗衣服，更不想收拾屋子。

身体也渐渐开始出现问题，后背疼，却不知道是哪里疼，好像有一股气流来回乱窜，窜到哪里，哪里就难受。月经开始是暗黑色，后来就闭经了。去了几家医院，都看不出什么毛病。

工作状态也越来越差，注意力不集中，理解能力、阅读能力下降，视力模糊。下班后回到家，什么都不想做，犹如行尸走肉。更可怕的是，我的情感流动越来越少，想哭却一滴眼泪都没有，整个人像被掏空情感的躯壳。

终于有一天晚上，我在睡梦中被吓醒。我清楚地记得，梦里一块硕大的石头从天而降，砸向我，我的心猛然坠落瞬间惊醒，手心和脑门都是汗。

从此，每天晚上我无论几点睡觉，凌晨一两点钟都会醒，之后再也无法入睡。越害怕早醒越早醒，越焦躁越睡不着，失眠如影随形。

长久以来的早醒，如同一个恶魔缠绕着我。我惧怕黑夜的到来，那将是无穷无尽的痛苦和折磨。早醒无法入睡时，先是辗转反侧，后来就睁着眼睛看着天花板，偶尔因为眼睛太疲劳闭上，没过多久又醒来。仿佛有个人在监督我，只要我一想睡觉，就用各种方法叫醒我。

记得有一天，弟弟来看我，走的时候我送他到车站。那一刻我抱着弟弟哭了起来。没有眼泪，那种哭更像一种哀号。弟弟不知所措，我知道他是无法理解我的感受的，就连我自己都不理解。

我纠结于自己的躯体症状，各种不好的猜想，这种状态让父亲崩溃。他说如果我病了，他带我去看医生，只要我不胡思乱想就行。人生地不熟的父亲来到哈尔滨，带着我穿梭在各大医院，

CT、核磁共振、造影都做了，医生说没什么问题。可我内心依然觉得我是有病的，只是大夫医术不高明。

症状不断加重，上班成为负担。每天起床都很艰难，每每都是父亲强拉硬拽，才把我从床上拽起来。每天我都会问父亲一些类似问题：钱还不上怎么办？从此不能工作了怎么办？我感觉这次在劫难逃，大脑开始反刍过往的经历，各种念头像野草般疯狂生长。无尽的懊悔，不断地自我攻击，整个人像生了锈似的表情呆滞，大脑依然在高速运转。

这时爸爸从网上搜到了关于抑郁症的知识，怀疑我得了抑郁症，开始寻找各种治疗办法。他带我去了医院。我服用了抗抑郁药物，出现副作用，吃了两天就不吃了。后来我知道，抗抑郁药物要至少服用两周以上才会起效。因为无知而停药，我的病情急转直下。

停药后，我完全是靠意志力支撑，焦虑越来越严重。弟弟想带我去看电影，可我害怕得要命，连影院都不敢进。弟弟硬把我拉进去，我勉强坐了一会儿，感觉自己要窒息，跌跌撞撞跑了出来。那种丧失生命活力的感觉太恐怖了，感情的流动在慢慢停止。

自杀念头来袭是在一个周末。那天妈妈、弟弟带我去逛街，我开始是拒绝的，但他们坚持要带我去，我只能极不情愿地跟着他们，像个木偶人。逛了一会儿，那种莫名的恐惧和害怕又开始萦绕心头，我哭着哀求道：我们回家吧，求你们了。弟弟和妈妈无法理解地看着我，我不能解释，此刻的我感受到了语言的苍白和无力。

回来的路上，我拉着妈妈的手，脑子里依然是挥之不去的各种念头，每一个都让我沦陷。突然有个念头跑出来对我说："去死吧，带着妈妈。"瞬间整个人都轻松了很多。我看着旁边的妈妈，嗫嚅着说："妈妈，我带你去死吧！"

讲到这里，我和秋月都沉默了。我完全懂得秋月的感受，懂得为什么在那个时候，死亡会成为诱惑。自杀在根本上可以理解为防御的手段，当现实过于痛苦，自杀便是一种终极防御。这种防御最快捷、最有效，也最彻底；只不过，它带来的是毁灭。

秋月的叙述让我回忆起5年前我陷入重度抑郁时的经历。我告诉秋月，抑郁症的一个特点是"晨重暮轻"，那时，熬过了一整个白天，晚上躺下，我的脑海里会出现各种青山绿水的图案，想象着自己沉入江水，顺流而下，流入大海……竟然会感觉到短暂的轻松。

"那你后来尝试过自杀吗？"我追问。

"不止一次，而且实施过，被抢救过来，没死成，所以现在很感谢自己的'不杀之恩'。要不然就没有机会见到你了。"秋月略带调侃地说，"经历过死，你才知道生的可贵。经过几次生死徘徊，把人生想得更透彻了，也就真的无所畏惧，要不然我也不会有勇气来闯上海。"

感谢自己的“不杀之恩”——这让我感觉到黑色幽默，同时内心泛起一丝酸涩。

不杀之恩

只有沉浸在自杀的念头里，我才觉得片刻的轻松，有一种解脱的感觉。我不停地跟死神谈判，这样就可以苟活一天。求生和求死的念头不停地博弈，我想到如果我死了，父母就不用再照顾我，欠的债务无须再承担；我也不用面对人生的失败，死可能真的是最好的办法。我甚至为自己的完美逻辑扬扬得意。父母力图阻止我自杀，我百思不得其解，感觉只有死才是唯一的出路。

第一次实施自杀是在一个清晨。妈妈在厨房准备早餐，我在大脑中想了九千九百九十次之后，终于把手伸向了桌子上的药瓶。倒出一把白色的药片，狠狠地盯着看了几秒钟，就着水全部咽下去。药片经过我的食道滚落下去，大脑一片空白，感觉从来没有这样清醒过。此时妈妈从厨房出来，问我早餐想吃什么，看到她殷切的微笑，想到一生就这么结束，我后悔了。

妈妈看我傻傻地站着，微笑的面庞紧张起来。她快步走到我身边搜寻着，看到桌子上空着的药盒，一瞬间意识到发生了什么。妈妈大哭起来，敲打着我：你怎么能这么做，怎么这么想不开，你怎么舍得扔下妈妈……

我很想哭，可是眼睛是干涸的，就像一口枯井，没有一滴眼泪。我嗫嚅着说，妈，对不起。妈妈边哭边把我推进卫生间催吐，她跑到厨房拿水，后来接自来水。我不记得喝了多少水、吐了多少次，之后腿发软，整个人渐渐失去了意识。

事后妈妈说，当时我大小便失禁，她慌乱中给我换了衣服，又打电话找人把我送到医院。这过程中我还说过几次话，可是我一点儿都不记得了。醒来时我躺在医院的病床上，手上扎着针管，妈妈坐在我身边。睁开眼睛的一瞬间，感觉好幸福。昏迷的那段时间里，感觉自己身处一个寂静黑暗的地方，很安静、很安静。

后来妈妈跟我说，弟弟听说我吃药自杀，当时就哭了。是啊，在他心里无坚不摧的姐姐，就这样要放弃自己的生命，把他自己留在这个世上，换了我也无法接受。

第二天，爸爸和舅舅把我送进医院，也就是人们常说的精神病院。我在那里住了一个月，好几次谋划自杀。我后来发觉，人的求死心和求生心是可以同时存在的，二者博弈的时候，你会明显感觉到。很多抑郁症患者说自己很痛苦，很想解脱，这就是求生的心。表面看他是想要结束自己的生命，但灵魂深处他是求生的。

因为住的是精神科，所有病房都是改造过的。窗户外面是护栏，室内的门都没有锁，身边没有任何锋利的物品，连玻璃制品也没了。我研究了各种死法，发现没有一下子就可以实行的。要想自杀，首先得先离开医院。

一天，父亲带我去附近的超市买东西，我知道这是自杀的好机会。父亲一直很警觉，提防我有自伤举动，一路上紧紧握着我的手，靠在我外侧走。我看着路上来往的车辆，尤其是当大货车飞驰而过，内心总有一种冲动，想要冲到车轮下；想到瞬间被碾轧而死，血肉横飞，就很舒服，感觉痛快淋漓。这可能是常人所无法理解的。现在的我回想当时的状态，也无法理解为什么就那么想死，好像赴一场美丽的约会，义无反顾。

最后，我和父亲安然无恙回到医院。我无比自责没有果断冲到马路上结束自己的生命。路过护士站，看到桌子上有纸，我跟护士说，能给我两张纸吗？护士有点儿为难地给了我两张，按规定是不可以给患者提供纸的。父亲问我要纸做什么，我说写日记，父亲很高兴。只要我开始尝试做事情，父亲就特别高兴。

回到病房，我开始写遗书，把自己的无望和愧疚都写了出来。写完以后，我把它放到床头的抽屉里。第一次自杀的时候，我一心求死，世间没有任何可以留恋的，也没想过写遗书。

第二天我去做经颅刺激，父亲送我到治疗室以后就回病房了。我做完刚出门，就看到父亲站在门口，表情很严峻。我走过去，他拉住我的手，握得很紧、很紧，好像一松手我就会从他身边消失。我们一路走回病房，我心里很胆怯，预感到他可能看到我的遗书了。

果然，进了病房父亲就把那封遗书拿出来，问我这是什么？我慌乱地看着他，说我是随便写的。父亲痛哭起来，当着我的面把它撕碎，边撕边流泪。那种失望、绝望的表情，让我痛彻心扉。

一个月后我出院了，父母把家里锋利的东西都收了起来。那一刻我觉得父母是如此爱我，想到自己要去死，内心无限愧疚；可是又想到，如果此生自己将是他们的拖累，那生不如死。

每天起床对我来说是再痛苦不过的了。曾经最惧怕夜晚来临，眼睁睁等着天亮，那种滋味不是煎熬能形容的。但现在我不害怕了，医生给开的药很管用，吃了以后就会睡着，无论你想不想睡。只是每天睁眼醒来，各种念头又涌来，恐惧、绝望、害怕，一股脑把我淹没。每个清晨带来的不是希望，而是无尽的绝望。

每天吃过午饭，妈妈会和我一起睡午觉，此时是我抑郁发作最严重的时候。我会痛哭流涕，不停地跟妈妈说想死。妈妈追问我为什么非要死，声嘶力竭地跟我辩论，无论她怎么说，我都听不进去。后来我学会了沉默，不再跟她辩驳。对我而言那些辩驳没有任何说服力，徒增了我的焦虑。

内心声嘶力竭的呼救，却无人可以听到，我终于懂得什么叫绝望。有一天中午，我又失声痛哭，母亲不耐烦地说："我就想不明白，你为什么就这样？都跟你说多少遍了，你担心的事情都可以解决，为什么还这么纠结？"

我怒不可遏，大喊"别再说了"，痛苦地哭了起来。看着妈妈不可思议的表情，我说："我好比掉到一个深坑里，很深很深，你们都围在洞口，跟我说，爬上来、爬上来，爬上来你就有救了。可是我真的爬不上去啊。"

妈妈好像理解了一些，不再说什么。她抱着我哭起来，嘴里喃喃地说："不怕，姑娘，就算你疯了，只要妈有一口气，都不会让你饿着冻着。"

之前我还可以跟父亲去跑步，后来连跑步也坚持不了了。我求父亲帮我死，父亲表情很痛苦，一边拍着我一边安慰："咱们不死，咱们好好活着。"可是不知道为什么，总感觉有个声音在告诉我：你一定要死，只有死才是你的出路。

自杀好像成为我活下去的唯一理由，多么荒唐和讽刺。我真的不想死，可是又不得不死，多么矛盾。我哀求父亲去给我买炭，父亲的脸抽搐着，我无法理解那是怎样的心痛，让人整个脸都变形。

最后一次企图自杀，是我又一次住院期间，弟弟陪我回家拿东西。这对我来说是一个好机会。进了屋，弟弟催促我快点收拾东西，快点回去。我磨蹭了很久，弟弟有些着急，从他的语气中我能听出来，他有些害怕。

我说想去卫生间，进了卫生间转身要关门。弟弟阻止我，他说你不用锁门，我锁门他害怕。我说行。他转身刚走出两步，我随即去锁门。弟弟一个箭步冲过来，迅速用手挡住门，我力气没有他大，门被推开了。

我蹲在地上痛哭，他也哭。他抱住我，紧紧抱住我。从小到大，这是他第一次拥抱我。我趴在他肩膀上哭，他哭得比我还厉害。他边哭边说："大姐，你不要死，你死了，爸爸妈妈也活不了了，那我就没有家了，我一个人怎么办啊。"

我说："你让大姐去死吧，你这么大了可以照顾好自己，大姐从小到大都不是个好姐姐。”弟弟说：“不是，是你照顾我照顾得太好了，你走了，我一个人撑不起来。”

这一瞬间，我大脑里的某条神经好像突然接通了，意识突然清醒了，瞬间从求死心中挣脱出来。我不哭了，跟弟弟说：“姐答应你，一定不死，姐答应你。”我一边说一边拍着弟弟的后背。

这是我对弟弟的承诺，既然承诺了，就要做到。也是奇怪，下定决心不再自杀后，无论自杀的念头怎么盘桓，我都没有被蛊惑再去行动，任由它们在脑子里翻江倒海。

我知道，只要不去做，这些念头也就只是想法，不是真实的。既然想要活下去，那就做点什么，做总比不做强。我开始寻找治疗抑郁症的方法。

我坚持药物治疗，同时接触了正念冥想。每天早晨起床后最痛苦，各种绝望和悲观的念头接踵而至，没有一丝缝隙，我就把冥想的时间安排在早上起床后。观察自己的呼吸，让脑子里的各种念头来来去去，不去纠缠，静静观看。

我发现，只要是冥想中出现过的念头，之后就不会再出现在我的脑子里。渐渐地，我冥想的时间越来越长，完全不觉得是任务和负担。坚持固定时间冥想，成为我生活的一部分。

我还开始自学心理学知识，买的第一本书是《伯恩斯的新情绪疗法》。仔细研读，觉得书里的很多观点都很有道理，尤其是里面讲到的小工具三栏法，我打算尝试一下，就自己做了表格。每当脑子里出现负面的想法，我就记录下来，归类，驳斥。回头看这些表格，感觉自己当时的想法真是很奇怪，认知的确出了问题。

我开始做一些力所能及的事情，比如洗衣服、做饭。我的状态好了很多，依然坚持冥想、运动、瑜伽、认知调整，每天都有计划表。父母一直陪在我身边，母亲照顾我的饮食起居，弟弟鼓励我。渐渐地，我接纳了自己的状态。用父亲的话说，就是重生了一次，重新来过。

时间一天天流过，从熬日子变成了过日子，这中间太多难以言说的痛苦。我能感到自己的状态越来越好，之前丧失的社会功能在一点点回来。我决定去尝试简单的工作，通过接触社会恢复社会功能。

此时我的心态发生了很大变化，从抗拒到接受再到接纳。曾经以为望不到头的抑郁之路，在父母和家人的陪伴下终于看到了曙光。真的很感谢自己的不杀之恩，让我有机会开始一段新的人生。

我是专门为采访秋月来到上海的。为节约时间，我在她的工作地附近找了一间酒店住下，想更近地观察她的生活。但她给我的时间并不多，只能在下班后见面。这不奇怪，她刚入职不久，不能随便请假。

第二天上午，我要求她带我到她的公司看看。她考虑了一下，只答应带我到公司门口，不能进去。确实找不到好的理由。

这是一家香港人开的设计公司，有 30 多个员工。店面不大，开门就是街道，不过装修很有风格。经过公司时，她的老板正站在门口布置什么，她紧张得一声不吭，低头快速通过，而后告诉我站在那的就是老板。等我再回头，门口已是空空荡荡。

不管怎么样，在工作多年、经历了感情挫折、拥有过自己的住房之后，一场疾病让她回到原点，然后在上海这样一个国际大都市开始了新的生活。

这一切是怎么发生的？我很想了解详情。第二天午饭时间，秋月从单位跑出来，我们边吃边聊，她讲述了整个戏剧化的过程。

留在上海

现在我已经长大了，但心里还住着一个小女孩。小时候很喜欢童话故事，比如《海的女儿》《灰姑娘》，它们是我童年的美好回忆。上海迪士尼开业的时候，我就很想去玩，碍于经济原因未能成行，但内心对迪士尼的向往从未停止。

病情好转，恢复行动能力后，我忽然想去实现自己的愿望：去上海、玩迪士尼。练习正念后，我的人生观和价值观有了很大改变，关注点放在当下，而不是寄希望于未来。

既然决定去上海，我想一路还可以去几个想去的城市，比如北京、青岛。当时我还是有症状的，反应有些迟钝，行动也慢，不过我接受这一切，相信这些都是暂时的。

在北京停留了 10 天，每天游玩，状态不好就在住处附近逛逛。我住在北京大栅栏的青年旅社，热闹而有趣。出来旅行有一个很棒的感觉是，你可以毫无顾忌地和人交流，不用有任何心理负担。曾经有一段时间，除了家人，我很害怕跟别人说话，回避社交场合。刚开始出来，内心有一些胆怯，后来冲破这道心理障碍，我就百无禁忌了。

我是坐飞机去青岛的，预订了可以看到海景的宾馆。海边是成群的海鸥，站在海边，一边看大海，一边想自己，心里很平静。一望无际的大海仿佛可以包容下我所有的痛苦和忧伤。

在青岛停留了一周，我来到上海，这是我的终极目的地。飞机降落的时候，我感受到上海的气息，和我之前预想的不太一样。想象中上海是一个节奏很快的城市，人们步履匆匆，表情淡漠，西装革履。可我看到的不是这样，路边有躺椅，很多大叔大妈很悠闲，环境很舒服，路边是绿色的植物。我很开心，庆幸自己来到这里，否则此生都不可能知道真正的上海是什么样子。

迪士尼里游玩项目很多，我过足了迪士尼瘾，满足了内心小女孩儿的梦想。我带着满足感和幸福感离开了迪士尼，原来完成自己的梦想一点儿都不难。我做到了，很简单。

本来预订了回程的机票，可是不知道为什么，我很留恋上海，舍不得走。我心一动，问自己：为什么不留下？为什么不试一试？没什么好害怕的，你已经没什么可以再失去了。

这么一想，事情便简单了。我寻找落脚的地方。时间太紧，没来得及购买床上用品，第一个晚上是在没有床单被罩的床上过的。3 月的上海还很冷，我半夜被冻醒，把衣服都盖在了身上，依然感到寒气逼人。

海投出去的简历也有了回音，我收到很多面试通知。有一家公司面试当天就给了我 Offer，我很开心。我应聘的岗位是行政助理，这对硕士学历、做过 5 年高管秘书的我不在话下。我体会到大都市的好处，虽然竞争激烈，但机会总是多的。

这家公司的工作环境我很喜欢。可能是我的学历和经验都超过同事很多，大家对我有一些敌意。但我知道，这里不是我的终点，我只是需要一个好的社会环境支持我，所以我尽量表现得低调，平易近人。

因为还在吃药，我每天都在跟嗜睡做斗争。有时候实在太困，就跑到卫生间坐在马桶上睡一会儿。有一次我身体不舒服加上嗜睡，坐在工位上睡着了，这成了我的一个污点。管人力资源的人还特意找我谈话，说有人看到我上班时间睡觉。

我没什么可说的，也无法解释我在服用抗抑郁药物。社会大众对抑郁症的了解尚处于初级阶段，仅停留在患者只是心情不好、想不开的阶段，没有把这个病当真正的疾病。即使患者告知别人自己有抑郁症，也很难得到理解和同情。好在此时我基本没了病耻感，即使别人不理解，我也不在乎。

听了秋月的讲述，我对她的担心减少了几分。她说得对，大城市竞争激烈，但是机会也多。只要有能力，能坚持，总会找到属于自己的位置。

临别前，我提出去秋月家看看。我记得她写过和几个合住女孩的故事，还想见见她们。可是秋月告诉我，她搬家了，搬离了市区，在远郊选了一个独居的房间。

我问她，是为了租金便宜些吗？她说不是，是为了一只小狗。

那是上班一个月后，她去吴中玩，在街头发现了一只被遗弃的小狗。它只有巴掌那么大，很乖地蜷缩在她怀里。看着它的眼睛，她知道她逃不过去了。

她想收养这只小狗，又有些犹豫，因为她有过一段伤心的往事。小时候她养过一只小狗，后来家里装修，妈妈把狗送人了，理由是小狗会把刚装修好的新家抓坏。她没有办法反对。

小狗是被套上头套用车带走的。几天后，谁也不知道靠什么本能，小狗找回了家。看到家人，小狗流泪了，她也流泪了。

几天后，狗还是被送走了，送到更远的地方。这次狗没能再找回来。现在它在哪里？怎么样了？她没再问，也不敢想。从此以后她再没养过小动物，她怕自己不能承受最终的分别。

讲述这一段往事时，秋月做了深刻的自我剖析。她承认自己性格中有逃避的一面，虽然保护了自己，但隔绝了情感的流动。甚至很长一段时间里，逃避成为她应对问题的行为模式。

就在那个下午，抱着小狗，她内心激烈地斗争，最终下决心收养这只小狗。我理解，这件事对于她不仅是满足了一个心愿，更是为了治愈。

生命所系

在整个疗愈过程中，我用心理学自我分析，发现问题很多，其中一个是安全感缺失，不敢面对问题。比如，小时候面对小狗的去留，我甚至不敢跟父母争取一下，就放弃了它。

在吴中遇到这只小狗的一瞬间，我产生了“这是上天给我的礼物”的感觉。但小狗这么小，吃喝拉撒睡都是问题，自己刚刚来上海，有很多问题需要解决，养它确实是负担；可我又想，抑郁症没有打垮我，那么其他的问题算什么？我抱起它，它很温顺，乖乖地躺在我的怀里。

回程的车上，我筹划怎么更好地照顾它，不影响到室友。我在远郊找了一个单间，上班有点儿远，但为了小狗我觉得值得。

新的生活开始了。每天上班，小狗会跟我到门口，我不得不一次次把它送回屋里；下班后我都是急匆匆赶回去，听到我的脚步声，它会奶声奶气从床底下钻出来。我感受到被需要，这种感觉很幸福。这么一个小生命完全信任你、依赖你，你怎能辜负它。

服药一年有余，生活按部就班，我尝试减药。减药过程中我密切关注自己的状态，随时调整。有一天我漏服文拉法辛，晚上太累睡着了，又漏服思瑞康，第二天恶心呕吐，出现直立性低血压症状，走路好像踩在棉花上。早上硬撑着去公司，结果到10点左右就浑身无力，立刻请假回家。

在地铁里，有那么一瞬间，自杀的想法又冒出来，无意义感占据我的大脑。以前面对这样的情况，我会信以为真，被大脑所欺骗，而现在我发现了这个秘密：念头只是念头，不是真实的。所以我静观这些想法的产生、盘桓，直至消失。

工作稳定，状态也稳定了，我开始思考未来的路。抑郁症差一点儿要了我的命，但正所谓物极必反，跌到低谷的人生终于触底反弹。抑郁症虽然摧毁了原来那个我，但也塑造了一个新的我。如果说那段痛苦的经历此生都不愿再想起，那么唯一让我感念的是：在最黑暗的岁月，我找到了最真实的自己。

秋月的新家在上海远郊一座公园附近，视野开阔，站在楼上可以看见对面的绿荫。我们出了电梯，秋月从包里摸钥匙开门。大概是出于某种心灵感应，门内已经喧闹起来。一开门，那只小狗吠叫着，跳跃着，直立着两条腿，不住地往上蹦。秋月把小狗抱到怀里，贴在脸上。小狗的四爪上还戴着小小的布套，她说这是防止小狗抓伤她特意做的。

当晚我告别了秋月。她的状态让我欣慰。在我认识的患者中，活得比病前更洒脱的，她算一个。不过，我还是有隐隐的担心。她的病，准确表述是“双相情感障碍抑郁发作”，其特点是容易复发。在异乡，她必然还有很艰难的路要走，要比常人活得更谨慎、更小心。

谈及此，秋月坦言，对于病情能否永远平稳，她心里也没有十足把握；而上海这座让人疯狂的城市能否容得下她，也还不好说。唯一可以确定的是，她将勇敢地生活下去。对她来说，未来的生活每一天都是探险，未知而迷人。

她说，因为生病，她对抑郁症的研究一直都没停止。其实抑郁症和其他疾病没什么区别，只是因为被归属于精神类疾病而被人们误解，导致患者在得病初期会更恐惧和抗拒。目前抗抑郁药物和心理治疗都可以有效控制抑郁症，当然抑郁症也会复发，所以实现临床治愈后，防止复发是终身要做的功课。她已经做好打持久战的准备。

这几天，我接到她的电话，说在准备心理咨询师考试，将来想从事心理咨询工作，把自己病中的经验和所学知识结合，给更多同病相怜的病友提供心理支持。

我对她的这个决定并不吃惊。她几次谈到，因为得病接触了心理学，深入学习了许多相关知识，并从中获益。很多抑郁症患者康复后都选择从事心理咨询，这可能和病中不断探索心灵成长有关系。

我忽然想到一句话：所有没有打倒你的，终将让你变得更坚强。

（本文自述部分为秋月所作）

永不言弃

（一）

我致力于抑郁症科普以来，陆陆续续帮过很多人。要问是否有人帮过我？当然有！最早一个，当是小橙子，只是她自己未必知道，她的发自本心之举，会给素不相识的人带来温暖和勇气，而这正是最有价值的。

我记得很清楚，那是2012年7月19日。在熬过艰难的七个月后，我的药物治疗突然见效，大脑中的阴霾一扫而空，头脑清爽了，可以阅读了。我拿出电脑，发现盖子上积满了厚厚一层灰尘——我已经有半年时间不碰电脑了。

当时有强烈的好奇心，想搞清楚自己得的到底是什么病，为什么会突然见效。一天，我在网上搜“抑郁症”，在“阳光论坛”发现了一个帖子，题为《2007年首发，反复发作数次的顽固性抑郁症》。

文章很长，详细记叙了作者患双相情感障碍多年数次发作的经历。笔调客观、冷静、理性，感觉不是在写自己，而是在用手术刀解剖另一个病例。其时，我刚刚被确诊为双相情感障碍，看到这篇文章，如获至宝，逐字逐句阅读，学到了很多知识，解决了很多困惑；并活学活用，用以指导自己的治疗。

我由此记住了作者的名字，小橙子。

后来，不记得通过什么途径，我和小橙子建立了联系。我们时常交流，更多时候是我向她请教。一天，正上班，我接到她的电话，刚刚接通，她就“哇”的一声大哭起来。原来，她复发了。我无话可说，只是默默听着她的哭诉。哭完之后，她说好了一点儿。此后，我们真的成了朋友。

这么多年，我一直以为，我和小橙子的交集是从我读到她的帖子开始的。没想到，不久前，我检索到我在“阳光论坛”上发表的第一篇文章《我患双相情感障碍和治疗用药的过程》（2012年8月28日），在文后看到一段留言，写着：

我看到了关于您的帖子，可见，这病真是不分阶层，不分职业，都可能会得。我也是个名校研究生，现在什么都不缺，照样患病，别人看来简直匪夷所思。看你用了这么多药，熬过来了，恭喜！我是反复发作患者，之前都是擅自停药的，现在越发难治。千万不要重蹈我的覆辙了，坚持服药，加油！

再往下看，我注意到留言者的名字：zxcxczhang——不是别人，正是小橙子！

我百感交集，人与人之间的缘分竟会如此奇妙。

（二）

从那之后，我们互相关注彼此的情况。五年过去了，我持续稳定；她却没有那么运气，继续处在循环发作状态。原因大概和她发病早，又未能及时治疗有关。

她从小性格内向、柔弱，好胜心强。首次发病在2007年，表现为抑郁相。那时，大多数人都缺乏精神健康知识，在经历了最初的茫然和慌乱后，她懵懵懂懂走进精神专科医院，无可避免地被误诊为抑郁症，由此开启了11年抗抑郁历程。

起初，服药很快见效，但迅速转相（由抑郁相转为躁狂相）。从未有过的体验让她新奇而兴奋，她以为自己病好了，轻率停药，没多久即复发。随后，再服药、再好转、再复发，多次循环，且间隔越来越短。

误诊两年后，医生终于确诊她为双相Ⅱ型——这还不算最糟糕的，据欧美国家统计，双相患者从首次发病到确诊，平均需要8年。

自2009年起，她采用情绪稳定剂规范治疗，渐趋稳定。好景不长，2011 年，为了备孕，她自行减药，再次复发，不得已又重新服药。

其后至今，她再也不敢断药，但情况越发复杂，波动频繁，不能长时间稳定。总起来算，11 年间，她发作 8 次，病情逐渐慢性、迁延化。近两年甚至带药复发，饱受折磨，苦不堪言。

尽管如此，她仍是积极向上的，而且乐于助人。第一次和她见面，我就领略了她的解决实际问题的专业能力。

那次，我的一个上海朋友首发抑郁，惊慌失措，拒绝治疗。情急之下，我前往看望。因我经验尚不够丰富，我请她陪我同去。到了朋友家，她三言两语，解释了病情，分析了原因，立刻获得了朋友的信任。记得她手绘了一张“状态曲线图”，让我大开眼界。

大意是：在一张白纸上，画一个坐标轴用来记录自己用药的效果。以时间为横轴，以情绪为纵轴，每天给自己的状态打一个分数，从 −5 分到 5 分，每个分数有一定的描述；然后把自己每天的状态分数，标注在横轴上方或下方不同的位置上，再把各个标注点连起来，一张情绪曲线图就绘成了。

这个图表特别适合监控双相患者的病情变化，判断药物和状态之间的联系。她说，有时候度日如年，过于主观地判断当下状态，感觉时间漫长，那时看看前期状态和用药天数，发现还不到起效时间，或者中途其实有过好转，就会心中有数，增加坚持下去的信心。

这个图表是她自己摸索出来的。后来我为患者提供咨询时，多次使用这个图表。

（三）

2017 年 7 月，为了写作本书，我专门到上海，正式采访她。

我们约在一个饭店见面。多年未见，相逢如故。未及寒暄，她就和我谈起专业问题来。

我是从南京去上海的。在南京我采访了喻东山医生，获赠喻医生的两本书，一本是《精神病症状学》，一本是《精神科合理用药手册》。她看到后，立刻把《精神科合理用药手册》拿在手里翻阅，告诉我，她一直在研究用药，要求我把这本书转送她。我只好割爱。

我这才知道，这两年，她在用药方面下了不少功夫，颇有心得。这不奇怪，患病 11 年来，她用过的药不下 20 种。“以身试药”，感同身受，再加以研究，自然会在用药方面积累一定的经验。

她还告诉我，最近两年，因为找她的人很多，她建了一个微信群帮助病友们；一些特别好的朋友，她甚至敢帮人家调药。后来我也进了她这个微信群，方得知她在江湖上已有“橙药师”之称。

那天的采访，几乎没再谈个人经历（好在我已经都了解了），更多是对她用药的讨论，尤其集中于双相。摘录她的一些观点如下：

“抑郁症有时候虽然也能自愈，但发病机理太神秘，看不见摸不着，无从把握。或许前几次治疗时，我有过很好的彻底治愈的机会，但由于缺乏对个病的认识，还有正常人普遍的不愿吃药的心理，让悲剧一再重演。我也听说过服药几年后停药仍旧复发的病友，可见这个病的确是慢性病，服药不容忽视，反复发作或者没有确切外因的内源性抑郁症患者，一定不要匆忙停药。

“为什么说这些年双相这么多？我觉得躁和郁在神经系统中很有可能是不分家的，放电异常的机理相似，只是作用方向不同，归根结底都是一种情感障碍，是大脑中同一个部位主宰调控的。

“双相表现形式个体差异非常大，有的人的躁相未必体现为情绪高涨，很可能表现出焦虑、激越、暴躁甚至各种躯体症状；躁郁程度、周期也都因人而异，所以要根据自己的情况来进行调整和判断。即使没有出现过明显的躁，如果发病年龄小、产后抑郁、反复发作、发病季节性强，也都是判断双相的重要依据。

“抑郁剂能够逆转一个方向，但很难控制住不往另一个方向发展，同时也是一个权宜之计，并不能真正解决那部分大脑功能的紊乱，可能稳定剂是一个更加对症甚至治本的方案。

“单用抗抑郁药物时间久了，可能病情越来越复杂，导致发病间隔越来越短，不易治疗，还容易使抑郁症状慢性迁延化。我每次复发都是减药或者停药所致，没有双相明显的周期性循环，但我出现过轻躁，且抑郁频繁发作，服稳定剂期间一年半未发作，同时稳定剂减量后复发是不争的事实。因此我倾向于用医生推荐的抑郁剂 + 稳定剂的方案治疗。

“即使不纠结单相双相，稳定剂也是一个最好的方案，可以最大限度防止复发，这是无数案例证实过的。内源性患者偏向生理病变，主要原因是细胞膜不稳定，造成异常电信号等，更容易出现双相症状。建议复发次数多的病友，以及内源性抑郁症患者，都可以考虑稳定剂方案。就算解释不清机理，黑猫白猫抓住老鼠的就是好猫。

“有人说我们是被药物绑架了，实在不能苟同。药物只是帮助我们修复大脑，恢复正常的生活。患者因功能障碍，大脑无法获取一定浓度的神经递质，只好依靠药物，这和吸毒有着本质区别。且不说副作用极小，即使对身体有那么一点损伤，为了摆脱行尸走肉度日如年的煎熬，我认为付出这点代价是完全值得的。”

（四）

当本书进入写作阶段后，小橙子又一次处于波动状态。这篇文章是她在极为艰难的情况下，一个字一个字写出来的。

对此，我无能为力，甚至连安慰和鼓励都是多余。我知道，最好的办法只能是注视。我相信她能感受到我注视的目光。

好在小橙子已经接受和适应这一切。她曾对我说：“不得不承认，这一辈子，我这个身体只能做最简单的事情，照顾好自已。十几年来，我的病情日渐复杂，每次复发的打击都是毁灭性的，这个病已经深深融入我的体内，成了我生活的一部分。”

小橙子承认，从小对自己的高要求，可能是发病的一个诱因。而现在，接纳现状之后，人生价值在哪里呢？

对于这个问题，她回答：“在我曾经梦想的舞台上，我早已经丧失了成为主角的机会；可是我知道，喧闹主流的舞台从来都不缺演员，而我这 11 年甚至未来几十年的经验和知识，却能帮助到那些正在备受折磨的小众群体。也许这就是上天赋予我的人生意义。”

我问：“当你怎么治疗都没有效果的时候，你相信什么？”

她回答：“这个问题一般迟暮之年才有资格回答吧，但是我现在就有足够的底气回答：我相信命，也相信个人选择。命运是很难违背的，但是面对命运，每个人都有不同的选择。有人选择放弃，有人选择面对它，和它博弈。现在和将来，我和命运也在下一盘大棋。每走出一步，我永远不可能知道它会怎样回应你，而且也不能够悔棋，我能做的就是走好每一步。”

眼下，她仍然以极大的毅力和耐力，摸索合适的药物组合，坚持治疗，永不言弃。

小橙子能不能彻底好起来？

能。

一定能！

以下是小橙子的自述。

疾病之因

从 2007 年 7 月底算起，我患双相情感障碍已经 11 年，发作 8 次之多。

多少次在生不如死的地狱中挣扎，每次复发都来势汹汹。那种无力感，加上对自己无法操控的撕心裂肺的疼痛，让我满身伤痕。从刚发病时的茫然无措，到服药见效后的信心满满，再到次次复发后的绝望，现在的我已经平静接受这个病可能伴随我一生，需要终身服药的事实。

从小我就尝试去完成父母对我的期望：先是成绩出众，事业有成；再是结婚生子，颐养天年。但是走到一半，我发现我很难按部就班继续下去，不得不承认：这一辈子，我这个身体，只能做最简单的事情，照顾好自己。

我经常觉得，从 2007 年开始的这场灾难，毁了我原本规划好的人生；而现在，我更倾向于认为，每一个生命都没有标准的定义，存在的永远只有相对于自己的价值。尽我所能，用我过去 11 年甚至未来几十年的经验和知识，帮助正在备受折磨的抑郁症患者群体，或许就是上天赋予我的人生意义。

我第一次发病，诱因最为复杂，可能是基因、教育、环境、压力等多方面因素集合所致。至于每种因素所占比例，我无法说清，现在医学界也很难有定论。

从小我就是一个敏感脆弱的乖孩子。家庭衣食无忧，父母关系融洽，当然童年也不能说完全没有残缺。父母都是知识分子，上进心强，我两岁时就进了幼儿园全托。据妈妈说，那时我很听话，别的小朋友哭着喊妈妈，我强忍着不出声，可以说性格是内向而压抑的。

那时父母太忙碌了，经常把我一个人锁在家里，童年的记忆很大一部分是孤独、害怕。有一次在窗口对路边行人呼喊，被以为是疯子；还有一次在家害怕得发抖，以为只要盖上被子妈妈就会回家……这些阴影至今铭记在心。

上学后我成绩很好，是父母的骄傲。老师对我的评价是聪明听话、一丝不苟。记得小学时参加了一个英语兴趣小组，本来没有基础，完全跟不上课程，结果凭借努力跃居班级前列。周围亲戚、朋友谈起我，总说这孩子以后肯定是清华北大的料。

在拥有辉煌学习成绩的同时，我懦弱、内向、胆小的性格特点暴露无遗。没有主见，不自信，顺从别人，不懂拒绝，爱自责，害怕交往，尤其是和强势的人交往。那时候我连续全班第一，担任课代表、大队长，却落得一个“只会学习、收作业本、能力差”的印象。小学毕业后一次夏令营，学员对我的评价：过于内向、孤僻……

这里穿插一些我对发病的理解。通过长期观察，我发现性格中的先天成分的确是重要的。人与人从小就有性格差异，和后天培养关系不大。比如说我，不管后来经历了怎样的事件，我的性格几乎没有任何改变，改变的只有心态和观念。

当然性格内向的孩子很多，并不一定就致病；父母离异、家庭不幸、缺乏关爱的孩子也很多，他们或许心态扭曲，或许走上邪路，但未必就会得抑郁症。所以我认为，综合来看，发病首先是因为抑郁基因，其次和成长环境相关，最后是外界刺激。

接着说我自己。初中时期，我的成绩依然遥遥领先，还当上了班长，后来觉得自己实在不是这块料，就主动让给别人了。爸妈对此很失望，他们期望我成为一个善于社交、左右逢源的人。记得我当班长的时候，爸妈强迫我号召班委们写工作计划，并当堂宣读，真是痛苦不已。人与人之间差别太大，有些人对权力地位极度向往，而我只想做一个默默无闻的小兵。

到了高中时期，由于长期情绪积累，以及大脑皮层发育不良，抑郁开始滋生。高三，抑郁情绪达到顶峰，日记里全是灰暗的文字。那时最主要的症状是社交恐惧，时重时轻。重的时候如翻江倒海，无法学习，听到别人欢声笑语都非常痛苦。

爸妈总认为一个人内向就不能成事，这个理念对我的影响实在太大了。我曾向父母吐露自己的情绪问题，他们不但不理解，反而质问我为什么这个时候还心有杂念，不全心全意冲刺高考？我也经常谴责自己，觉得自己脆弱。但怕归怕，抑郁还是抑郁，我对控制自己的情绪似乎真的无能为力。

这个时期抑郁还不算太重，很明显的昼重夜轻。可笑的是，我还以为晚上情绪变好，是靠自己意志调节。其实这种节律性正是抑郁症的特点。

抑郁爆发

高考结束，分数凑合，我考上一所重点大学。想想现在抑郁症越来越低龄化，很多小孩在中学就因病退学，我还算是幸运的。

本科四年无疑是人生中最美好的岁月。我考的是理工专业，男女比例大约在7:1，一下子优越感起来了。许多同学来自农村，比我还内向。我人长得不丑，不断有男生对我表示好感。总体上大学生活是快乐的，虽然未成为父母希望的“善于交际，组织领导力强的人”，至少抑郁的感觉暂时消散了。

可惜儿时阴影实在太重，让我对自己的“缺陷”永远深感不安，偶尔的优越感与独特感难以持续并巩固。看来，我的矛盾源于对不属于自己的生活的渴望和不甘，和与之并不匹配的脆弱胆怯的性格。

到了大四上学期，保研之后，我几乎过上了神仙一般的滋润生活。那时真想时间永驻，留在舒适的光阴中；同时心中又有隐隐的不安：这样的日子会长久吗？今后会一帆风顺下去吗？

事实证实了我的隐忧。大四时，由于一个外界因素，导致抑郁症状出现。我非常清晰地记得，那一天我筋疲力尽瘫在床上，心中反复转着一个念头：我快要死了，我快要死了……这种无力感是我生平中第一次出现。

由于此事有明显诱因，我觉得应该算不上抑郁症，后来的确也随着时间推移慢慢好转。本科毕业设计答辩结束后，身上重担终于卸了下来，在家过了一个快乐的暑假。

我觉得，许多人口中的抑郁，可能很多就是我这样，事出有因又自行痊愈，并非典型的抑郁症。也许开导、排解等均可奏效，但这绝不意味着真正的抑郁症能通过这种方式治愈。

研究生入学前一段，我在家尽情享受着快乐时光，甚至有些愉悦得过头，日记里充满了阳光。这是一种毫无缘由的兴奋，现在回想起来，可能是上述抑郁情绪把我潜在的双相情感障碍激发出来了。

终于，2006 年，充满波折的研究生岁月开始了。我读研的学校比本科还要好，压力还是蛮大的。进校后我惊惶地发现，学习不再以上课、书本为主，更加注重能力、实践与创新。周围的同学不仅实力出众，还活络强势。要知道，我最怕的就是和这样的人打交道。也就是说，我从小就害怕这种环境，对人际交往的恐惧渗进骨子里，只是过去时机未到，还未完全暴露出来。

这时我的好胜心仍处于一个可怕的程度。印象很深的是，有一次实验室导师安排我谈工作，讲完之后自己不满意，深感懊恼，当着老师和实验室全部师兄师姐的面大哭一场，无法克制；还有一次，请教一位很有实力但也比较强势的师姐，询问她的研究经验等，被她强硬挡回，连面子都不给。之后我坐在楼下大哭一场，沮丧不已。

回过头看，虽然研一有自卑、茫然和苦恼，但还算不上是抑郁症。专业没变，仍然男多女少，还是会有男生对我表示好感。

大部分时间情绪较好，偶尔抑郁。比如，某天突然觉得情绪抑郁，对什么都恐惧，与人交流也舌头打结，思维堵塞，然后持续几天后突然转好。和妈妈通电话，她经常说："你能不能别总这么猫一天狗一天啊？"

妈妈的指责，我无法辩驳。好像是生理上的波动，又像是有心理原因，说实话我自己也不理解。现在看来，这种莫名的起落也是有生理基础的，只是并不严重罢了。

2007 年暑假，我决定去北京玩几天。行前联系了一位本科同学，对方态度比较冷淡，说看看时间安排吧。结果我大哭了一场，觉得很失败。现在看来，这种极端心理已经是状态下跌、抑郁爆发的伏笔。

到北京没有联系这位同学，自己玩了几天，状态尚可。返回老家后，状态急剧下滑，聚会时出现较为严重的持续性社交恐惧，说话磕磕绊绊；早起浑身难受，对未来悲观忧虑，觉得一片灰暗，和上次抑郁时感觉一致。

因为难以描述，我只能对父母说我"好难受好难受"。爸妈讨论我是不是血黏度太高。正常人对不舒服的理解，大概就局限于躯体的各种病灶吧。

再往后几天，我迅速发展到话都说不清了。抑郁症一大特点就是思维、语言、行动受到某种莫名力量的抑制，像被什么堵住了一般。记得临返校前，我去看望两位好友，看到她俩欢欣喜悦，谈天说地，内心十分痛苦，回家后向爸妈倾诉。可他们完全不理解，爸爸直接发飙："咱们家居然还有这种事情！简直不知道你是怎么想的！”

当时我无力辩驳，不知所措。首先我自己也不知道怎么了，表面看一切都算是圆满；其次我已经严重丧失了语言能力，说话吞吞吐吐。应该说，抑郁症患者真是不易，尤其是遭到误解而自己又不懂的时候。

真正的噩梦是从2007年暑假返校后开始的。临行前，爸妈送我到车站。车开了，看着车窗外的爸爸，我突然抑制不住痛哭起来，记忆中很久没有哭得那么惨烈了。爸爸在外面倒是一直微笑着看着我。大概他认为我是舍不得离家，对他们眷恋吧。

其实我心里很清楚，这个时候情绪已经濒临崩溃边缘了。这是症状，典型的症状。

返校后投入紧张的学习。导师抓得很紧，每天安排学生讲论文或者讨论。我第一个返校，宿舍没人，就索性睡在实验室。

记得有一个夜晚，不知什么原因，满脑子都是悲观念头，连本科时候的伤心事全涌上心头。几乎彻夜不眠，第二天上午讨论实验时，突然出现了前所未有的现象，就是变傻了，什么都听不懂。过去情绪差归差，反应能力和思维从来没问题，现在出现认知障碍，我害怕了。

这次抑郁大爆发，来势汹汹，没有任何前兆。注意力完全不能集中，兴趣全无，智商骤降。起初我还企图通过看看喜剧如《老友记》来缓解，发现心不在焉，不但没有过去的愉悦感，甚至恐惧里面的剧情。食欲和睡眠差到极点，不停干呕恶心，吃饭像受刑一般难受。面对同学必须强颜欢笑，内心痛苦不堪。

当时的我已经丧失社会功能。万般无奈，给导师写信说我重度抑郁。他不以为意，以为我夸大其词以逃避工作。后来我明白了一个道理：不到万不得已，不要企图让精力旺盛强势的人理解自己的病情。徒劳无益，对自己也是种伤害。这份邮件居然还被爸妈看到，他们认为我给老师发这样的邮件，简直是自毁前程。

我只好求助于学校的心理咨询中心。那里的老师的确很热心，交谈时好像好了一点儿，过后又陷入那种无法控制的抑郁中。现在想来，这样简单的心理咨询对重度抑郁全是徒劳。

终于，爸爸妈妈意识到问题的严重性，从老家赶过来陪我看病。去的是心理门诊，医生直接开药。他非常简洁地对我说："你吃药好了就不会害怕了。"除此以外没有多余交流。

当时拿着赛乐特处方单，我没有取药。我和妈妈都觉得这个年轻的男医生太过冰冷。现在想来，我终于明白：其一，病人太多，医生不能给予人文关怀也很正常；其二，我的病发展到这个程度，即使医生再人文关怀也作用甚微。可当时，像大多数首次患病的患者一样，我不愿意承认我是抑郁症，还自欺欺人地认为：不吃药就不算病，一吃药真的就是病了。

开学后，妈妈毫无成果地回了老家，这次探访宣告失败。这时同学都返校了，我拼命逼着自己融入集体，努力说话、社交，结果适得其反。这时我还出现了一定程度的强迫症状：看到一本书就觉得害怕。用一句话形容，就是害怕自己的害怕，害怕自己的状态，因为它们是完全不受控制的。

那时每天都是煎熬。白天拿一个小本子写几条计划，完成一项勾掉一项，以此鼓励自己，然后等待夜晚降临。妈妈不在身边，就对上海的小姑诉说。她约我出去聊天，可是我觉得不被理解的劝慰鼓励，简直是让人无法忍受，越说越痛苦。

终于有一天，我想到了死。日复一日，生活质量如此之差，活着还有什么意义？现在回过头看，第一次发作时，无知无助，没有病友，没有知识，没有救援，不懂这是病，不懂这个病是可以治疗的，这个时候最容易自杀。所以加强科普是多么重要啊。

莫名的转相

2007 年 9 月，我抱着一线希望来到校医院心理门诊。这次医生给我开了百忧解——这个无数次救了我、让我感激涕零又让我陷入混乱的药。

刚开始，我是不抱任何希望的，也害怕副作用。但想，死马当活马医吧。于是狠狠心，开始服用。第一周没有任何改变，第二周头几天病情急剧加重，整个人瘫软在床上，被巨大的恐惧笼罩着。

那天是中秋节，上午我还能读一篇论文；中午回到宿舍，无缘由地病情恶化，绝望难受的感觉蔓延开来，出现干呕现象。这种极度恶化的状态持续了三天。

转机在服药第 10 天时出现。上午还瘫软在床上，痛苦到极致；下午陪宿舍好友逛街，略感好转；第二天白天，突然有了瞬间痊愈的感觉，实在是一个奇迹！

这个时候，我觉得呼吸到了久违的空气，听着音乐有种奇妙的澎湃，想起异性又开始有了憧憬和幻想。说真的，就是死而复生的感觉。相比之下，之前感觉到的“缓解”都是虚妄的，这一次，是真的全身打通了一般完全恢复。

这一天是我本命年前夕。我激动得热泪盈眶，自认为是上天让我过这一个坎儿，是“天将降大任于斯人也，必先苦其心志”……现在看来，这只是噩梦的一个起点。

当时，我如此严重的症状，在两周内骤然好转，一定是有问题的。可是我怎么可能懂得抗抑郁药物延迟起效的道理？怎么会懂得双相情感障碍？

三年后，我才正式从医生那里得知，我的病不是抑郁症这么简单，而是双相情感障碍。记得很清楚，2010 年 1 月，我只吃一种抑郁剂稳定了一段时间后，到精神卫生中心复诊，医生得知我在几年内反复发作，且有轻躁现象，果断判断我属于双相情感障碍，认为我应该加上情感稳定剂。当时开的是抗癫痫药物利必通。

双相情况障碍是指既有躁狂发作又有抑郁发作的一类疾病，重躁轻郁属于双相情感障碍Ⅰ型，重郁轻躁的属于双相情感障碍Ⅱ型。双相障碍平均发病年龄为 30 岁，单相抑郁症为 40 岁，前者明显早于后者。尤其 25 岁前以首发抑郁起病，是预测双相抑郁的重要因素。与单相抑郁相比，双相障碍（尤其是双相Ⅰ型）与遗传因素关系更为密切。

由于抑郁发作症状与单相颇为相似，双相情感障碍的诊断难度比较大，患者也较容易产生抵触心理。据说美国确诊双相平均时间是 8 年，这么看来，我被耽误了三年还不算过分。

不过，误诊还是给我带来严重恶果，那就是单独使用抑郁剂，以及屡次草率停药，造成我多次复发。

第一次迅速康复后，我只知道那种久违的幸福感回来了，欣喜若狂，直接停药。打电话给妈妈，她说她也查到了我的病，振振有词了一番。两个人都对未来极度乐观。

现在我完全懂了这个原理：如果你有双相情感障碍的倾向，百忧解相对于其他抗抑郁药转躁效果比较强，可以在短期内让人迅速兴奋起来，一夜间痊愈，没有任何残留。但是其后长期的轻躁状态，会较快耗尽能量，导致下一次抑郁的到来。

当时，转相后，不明真相的我对自己说：这个病是对自己以往不良习惯的一个惩罚，只要认真反省，就可以彻底远离这个恶魔。

之后几个月时间里，我乐观上进，独自旅行，无所畏惧，无所不能，好像顿悟了人生。我向爸妈宣讲说教，深感自己的抑郁经历是笔财富，让我有资本超越任何人，做成任何事。

记得我对妈妈说，身边的芸芸众生都不懂得生命的意义，我要指点他们；还说以后要创业什么的。爸妈也觉得我几个月好像变了一个人似的，到现在妈妈还保留着那几天的短信，作为我“状态异常”的一个证据。当然，那时他们还为我的“个人成长”而喜悦。

十年双相，八次复发

第一次抑郁发作并转相后，由于对疾病的无知，我沉溺于轻躁，草率停药，为日后的 8 次复发埋下了灾难的种子。

我现在认识到，抑郁症是一种特异性疾病，每个人的病因、症状以及治疗方式都不一样。有的人是遗传因素主导，称为内源性抑郁；有的人是性格易感，肇因于原生家庭；有的人是环境问题，由经年累月的压力导致；也有人什么原因也找不到，不知怎的就抑郁了。对于抑郁症，缺乏一个“放之四海而皆准”的共性尺度。每个患者只能根据自己的特点，寻找最适合自己的治疗方式。

至于我的病，现在看得很清楚，主要是内源性的。可能我个人生理层面有强烈的基因基础，尤其反复多次后，大脑调节功能受损，形成自我循环机制，没有外界刺激也会反反复复。这样的情况，必须正规治疗，除了吃药别无他途。

说实话，得出这个结论，也是出于无奈。没有人愿意吃药，但一次次复发的惨痛教训，逼迫我直面现实，把用药作为主要治疗方式。

记得第一次复发，我从天堂瞬间坠入地狱。无法和人打交道，别人的欢笑极度刺耳，让我绝望、干呕。那时还幻想用意志力调节，逼着自己去游乐场，去社交，参加英语高级口译；吃饭时，每咽下一口饭，就对自己说一声“好样的，你真棒”，现在想来真是心酸。

熬了两周，我彻底崩溃。从床下翻出去年没吃完的百忧解，给妈妈发短信："我又开始吃药了，实在太痛苦了。"妈妈回："那就吃吧，这次吃久一些。"

百忧解每天 20mg，见效很快，大约一周内状态就回来了。好了伤疤忘了疼，我发短信给妈妈："这两天我又重新恢复了勇气和自信，抑郁的时候怎么都不行，不抑郁了怎么都行。"随后跟随一位心理学老师，做了 12 次认知疗法咨询，觉得心理咨询特别有效果，又悟到了人生真谛。

我再次停药。那时本子上写的全是励志的话，觉得按照这些方法去实施，就一定能够永远摆脱这个恶魔。

好景不长。2008 年北京奥运会期间，老公和父母来学校，这是我第一次和他们见面。白天我还比较正常，只觉得有点儿尴尬；到晚上亲戚家人聚餐时，开始出现莫名的社恐。这种感觉我太熟悉不过了，抑郁的感觉一步步升腾起来，挡也挡不住。

那时我还没有把自己的病告诉老公，难受着还化妆陪他上街，看电影，不敢表现出来。那场电影现在我还记得，是《无敌浩克》，我从没那么痛苦地看过一场电影，从头到尾恐惧着、难受着、绝望着，每个镜头都是刺激。

我逼迫自己参加社交、拼命运动，坚持到 2008 年 8 月底，毫无效果。心里很清楚：抑郁这个魔鬼又要来了！煎熬到开学，我跑到校医院，哭着跟医生说：我很没用，不坚强，意志薄弱……医生说：你看汶川地震那些被压在废墟里的人，他们能靠坚强得救，该求助的时候求助，不是所有问题都能靠自己解决的。

吃药好像只一周，症状就全没了。那时我虽承认药物的重要性，但并没有意识到这个病强大的生理属性。我认为两次复发都有诱因，归根结底还是自己不够强大。

就这样安慰自己，我又积极乐观自信起来。开学后步入研三，我向老公坦白了自己的病，他表示理解和支持，还帮我一起包装简历。然后我疯狂找工作，觉得自己任何岗位都能胜任，无所不能，无所畏惧。每天上网，只要看到有公司招聘，就投递简历。职位是否合适，在我看来全然不是问题。

2008 年金融危机，就业市场很不景气，年底前只收到两家公司的录用通知。尽管如此，因为吃着药，我情绪非常好。和单位签约后又迷上打游戏，2009 年春节第一次跟老公回家，人很快乐，游戏机不离手，失了许多礼节而不自知；之后返回自己老家，和父母、老公到处玩乐，几乎逛遍吃遍了所有名地。这是有史以来最快乐的一个春节了，没有任何担忧和烦恼。

2009 年返校后，开始准备毕业论文答辩，我却对拍写真产生了疯狂的兴趣。一开始老公支持，还陪我一起去；后来发现我成瘾，就反对。我知道不应该放纵自己，但就是有股力量推着我去做，否则浑身难受。

屈指一算，这样的状态持续了 8 个月。当时信心满满，现在看，是药物激发了轻躁，大脑异常放电所致。记得 2009 年 5 月毕业答辩期间，妈妈打电话问我：“身体是否还好？”由于轻躁的惯性，我压根儿不记得什么是抑郁了，只对妈妈说："你怎么还担心这个？！忘了，完全不记得了！"

由此看，抑郁症患者发作期间整天诉说痛苦，纠结症状，也是他们不能控制的；等康复了一切都会扭转，只怕那时会好了伤疤忘了痛呢。

危机在两个月后终于引爆。7 月初和老公领了结婚证，角色一下子转变了。清晰记得领证当晚家族聚餐，那种熟悉的社恐感觉又开始升腾。穿着红色的套装，敬酒十分别扭，心里开始恐惧。觉得自己特别失败，一切都是父母安排的，自己一无是处，而且对之前几个月的疯狂表现完全不能理解。

随后两天，状态迅速下滑，焦虑，自责、想哭，什么负面感觉都上来了，连看到小区出入的人群都害怕。这就是所谓的双相的周期性特点，单用抑郁剂加速了循环。

这段时间开始回忆小时候和爸妈在一起的场景，还有过去的美好时光，心里说不出的难过、心酸和痛苦，干呕症状重现。感觉这个病就像洪水猛兽一般，速度力量大到你根本无法控制。想想自己转入婚姻角色，又离开了校园，真的对未来恐惧至极，不知何去何从。害怕回家，到家怕黑，看到阳台的衣服觉得像死人在上吊，一切刺激都让我恐惧。

某天，家里来了几个过去玩得很好的同学，社交压力让我的抑郁症状瞬间恶化。好不容易熬到结束，心里已经有了非常果断的想法：靠自身调节徒劳，只能吃药！

第二天，一步一挨去了医院。接诊女医生说我有心理问题，对自己要求太高云云，但判断我是中度抑郁，还是吃药为妥。当时，我也认可这次复发与我心理问题有关，当然这也是我最后一次这么认为。

从这次起，我彻底意识到服药的重要性。我认识到，最初病发的确可能有部分诱因，但此后的数次复发，就不再有任何诱因了，完全是生理上的不可逆转变，一种惯性发作。

从 2009 年 7 月到现在，我从未断过一天药。后面几次甚至带药复发，真正让我知道了这个病的厉害。

确诊双相情感障碍

这次发作，对我的打击是毁灭性的。一度认为自己好了，却又再度跌进深渊；而且曾经见效的药物失去作用了，真是前所未有的害怕。妈妈天天祈祷让我早日康复，有一次阳台飞进一只鸽子，妈妈对它说："小鸽子，你是来给我女儿治病的吗？"——现在想起这个场景我都很想落泪。

重新就诊后，医生说我属于环形的心境障碍，最大的特点就是反复发作。由于百优解导致焦虑的作用比较明显，医生给我调了药，撤了百忧解，换了喜普妙；而在我吃喜普妙痊愈并稳定了几个月后，复诊时医生说我反复抑郁发作，应当是双相情感障碍，加了情绪稳定剂利必通，说这个稳定剂对我有好处，可以预防复发。当时我只想尽快除掉病根，盼望日后停药，毫不犹豫地加上了这种经典的抗癫痫药物。

这次加药前，我从未有过联合用药的经历；没有带药复发，也不曾出现波动。有时候我想，是不是双相刚开始都表现为单纯抑郁，几乎没有循环的特征？至少我本人是这样的，前几次单纯服用抑郁剂只是一直情绪高涨，并未有过跌落。但到了后期，随着复发次数增多，循环越来越快，甚至一天当中都可能出现起起伏伏。那么到底是吃药助推了双相，还是双相病程逐渐演变？这是一个值得商榷的问题。

从此，我就开始按双相的方案治疗，再没停过情感稳定剂。喜普妙 + 利必通的方案让我稳定了最长的一段时间，我非常乐观。妈妈说，我简直是脱胎换骨，和过去那个喜欢抱怨、争强好胜的我简直判若两人，心理也完全健康成熟了。

因有前车之鉴，减药肯定要循序渐进。2011 年 4 月底，我咨询医生，他说如果我想怀孕，可以直接停稳定剂；抑郁剂慢慢减，但前提是人得好着，否则不能贸然行事。

这时候真是信心满满，为了稳妥，我没有直接全部减掉稳定剂，而是先减半。谁知两周后突然出现焦虑感，主要就是心慌。这时还没有明显的抑郁情绪，妈妈问我是生理上的还是心理上的？我回答说是心理上的，妈妈说那就好办。我自己也没太在意。

可是，就在这毫无诱因的情况下，一周之内人慢慢变得有些畏缩，躲着不接触外界。有一次和朋友吃饭，我一心只想回家，就知道情况不太对；然后，某次单位集体活动，我浑身瘫软无力，无所适从。恐惧情绪泛滥，思维明显抑制；无法说话，难以行动，手脚冰凉。

这次复发的打击是空前的。一次同事聚餐，实在难忍痛苦，跑到厕所哭得昏天暗地，不断对自己重复着：怎么办？怎么办？无法停止地哭，整个晚上都在哭，一直哭到浑身抽搐。

进了家门，爸妈像往常一样迎接我，我再次泪如雨下。妈妈根本没意识到发生了什么，还略带轻松地问我，“谁欺负我女儿了？我们去给你报仇！”……良久，我吐出几个字：“状态又不行了……”

晴天霹雳！房里顿时鸦雀无声。妈妈傻了眼，一句话都说不出来；爸爸坐在客厅里不停地叹气。这是真正意义上的绝望，因为我从未经历过带药复发，更何况又毫无诱因。

也是从这次开始，我彻底服了这个病，承认它是生理疾病；同时预感它可能会伴随我终身。

后来我接触到很多朋友，他们吃药稳定的时间比我长很多，有的甚至6年、8年，可是停药以后仍然发作。我仅仅带药稳定一年半，就奢望自己完全痊愈，可以停药，想来是多么天真无知。

可以说，我完全乱了方寸。没办法，日子还得过下去。好在这次毕竟没有停药，抑郁症状虽然重来，多少还是被抑制的。吃饭食欲基本没有问题，学习能力还有一些，比起初发那阵状态好了不知有多少。当然还有社恐、动力弱，以及过去从未有过的四肢瘫软等躯体症状。

我认为这可能是所谓软双相的一种“慢性迁延”的现象，表现为“不至于度日如年，生不如死，但持续性的心境恶劣，任何事情都无法真正开怀”。这种状况一直持续至今。医生告诉我，双相情感障碍复发次数多了，后期抑郁时间会越来越久，呈现慢性趋势，因此早期控制和持续服药十分必要。

寻找长期应对方案

自 2014 年 11 月后，我的治疗方案基本稳定下来。我曾经和病友说，这次我觉得真的好了，再也不会复发了。

但是，现实的残酷绝不会理会你往日的苦难，而是毫不吝惜给你新的打击。2015 年 5 月，我第 8 次复发，真正陷入了万劫不复的深渊。病情越发复杂，用药越发多样，至今还未痊愈。

当时，我面对一个尴尬处境：结婚已经五年半，肩负着传宗接代的使命，而停药绝无可能，药量还要调整，怎么办？

我想，不管结局如果，努力过了就不后悔吧。2015 年春节后，我开始减氯硝安定，没过几天出现肩膀酸痛症状。当时还以为是落枕，但天天如此，回想起来是氯硝不够量表现出的焦虑症状。

到 3 月底，突然毫无缘由地惊恐跌落了一次。因为马上要去国外玩，就暂时加回氯硝安定，立即好转，玩得很开心。回来后接着减药，这次是铁了心要把氯硝安定停掉。可是停了后逐步恶化，有一两天都是彻夜不眠，还容易生气激越。

就这样，几种药加加减减，我的病情也起起伏伏。这次让人非常绝望的是，多了很多躯体症状，头疼，浑身酸痛，甚至还有脸疼，按压很多穴位都有强烈疼痛感。

有一天，妈妈听说我加一种药，认为这个药副作用太大，对怀孕有影响。可是我心意已决，这些年非人的日子，让我再也无法忍受怀孕对我的压力。只要能让我好转，任何方法我都愿意尝试。

双相一个棘手的问题就是抗抑郁剂用多了容易循环，少了又没法完全解决抑郁。医生判断我不是抗抑郁药的剂量问题，反倒是抗抑郁药把双相的焦虑甚至焦躁的状态激发出来了。诊断我属于混合相的状态，应该加稳定剂。这个病的症状和用药反应真是千奇百怪啊！

抱着最后一线希望，我又复诊了一次。这次医生调整用药，加了一个新的抗精神分裂的药安律凡，说可以起到增效剂 + 稳定剂的效果。死马当活马医吧，我按照医生的方案服药。没想到非常有效，立即就有了起色。

这次好转真得归功于医生的神来之笔，所以遵从医嘱，尤其是一个非常有经验的医生是很重要的。我非常欣慰自己的执着，但是也不能掉以轻心；稳定来之不易，太值得珍惜了。

目前我还没有完全康复，持续处于轻郁状态，药物还在调整当中。病情发展到这一步，大脑的神经已经发生了变化，早就不是心理问题，和外界基本没有关联，纯粹成为一个内部运作机制。鸡尾酒式的联合用药方案是毫无疑问的，需要斟酌的就是种类和剂量问题。

尽人事，知天命

人在很多事情面前都是渺小的。有些康复的幸运儿觉得，抑郁症是让人脱胎换骨的人生洗礼；可在我看来，它彻头彻尾是一场灾难。11年双相，8次发作，我积累了很多对这个疾病的认识。

首先，要正确认识疾病，才能科学对待疾病。抑郁症的特点：第一，病因不明，没有伤口，看不见摸不着，无法化验无法测量，只有靠主诉来诊断。这就极大降低了患者的治疗依从性。第二，这个病直接控制人的思维和情绪，本应用来战胜疾病的“意志”“勇气”，恰恰被这个疾病本身吞噬，这多么黑色幽默！

人如果得了癌症，大脑功能未受到影响，还可以“乐观、坚强”；但抑郁症本身就是让人“悲观、脆弱、想不开”，病情直接操控着你的意志和情绪。这个两难困境带给人的挑战是空前的，必须靠非凡的理性与隐忍。

目前中国社会精神健康知识缺乏，绝大多数人包括患者，可能都认为抑郁症只是心理出了问题，病耻感往往由此而生。实则不然，许多负面情绪均由生理疾病（比如，大脑生化物质失衡）引发，病好了症状自然迎刃而解；不祛除病灶，单凭意志是绝难以治愈的。因此不要对病人说“想开点，要乐观”这样的话，他们健康时候很可能是阳光开朗的，只是病魔附体，才变得消极。劝说他们积极治疗，以及给予耐心的陪伴，才是对他们最好的关怀。

其次，要有长期抗争的准备。不规范治疗、高复发率，是这个病的大忌。抑郁症绝对不是“去除心结就不复发”，一定要做好长期抗争的思想准备。

我们知道，感冒发烧甚至更重的生理疾病，都有很强的自愈能力，抑郁症有时候也能自愈，但其发病机理太神秘，看不见摸不着，无从把握。比如我，或许前几次治疗时，有过彻底治愈的机会，但缺乏对此病的认识，加之正常人普遍不愿吃药的心理，致使悲剧一再重演。建议反复发作或者没有确切外因的内源性抑郁症患者，一定不要匆忙停药。

耐心很重要。这个病的特点是慢性、周期长、药物不会立竿见影，几天、几周见不到效果非常正常。究其原因，可能和神经元受体脱敏有关。而且即使你觉得有好转，也可能再度跌落，刚刚让人看到希望又随即粉碎，这实在是残忍至极。对此要做好思想准备，不要因为出现的波动或者副作用而轻易改变用药。要以周甚至月为单位来衡量自己的病情，切不可短期服用后发现无效，或者因好好坏坏而停药换药。

耐心意味着服药要足量足疗程。药量不够，几个月达不到效果；加了量，局面可能完全改观。建议每加一次量，观察一个月，若不理想再加。但加了量要从头开始观察一个月，直到加到说明书上的最大量，才能判断是否有效。

固定自己的医生也很重要。抑郁症是一个慢性疾病，不要轻易变换医生，否则新的医生又要从头开始了解你的情况。我吃过亏，因为恐慌，不停地擅自换药、换医生，导致更大的恐慌和病情的波动。希望大家不要重蹈我的覆辙。

还有，要学会区分单相抑郁和双相抑郁。要注意，隐匿性的双相，尤其是重郁轻躁的双相Ⅱ型非常多。双相个体差异很大，有的人躁相未必体现为情绪高涨，却表现为焦虑、激越、暴躁甚至各种躯体症状。以我为例，我的轻躁主要是兴奋、自信、思维飘逸，感觉自己无所畏惧，无所不能，什么事情都想做，贪玩，各方面欲望强，自尊心与廉耻感下降，什么都不在乎。躁郁程度、周期也都因人而异，所以要根据自己的情况进行调整和判断。

另外，即使没有出现过明显的躁狂，发病年龄小、产后抑郁、反复发作、发病季节性强等表现，也都是判断双相的重要依据。对于隐匿性双相，一定要及时识别。不然，长期单用抗抑郁药，可能使病情越来越复杂，导致发病间隔越来越短，抑郁期越来越长。

关于心理治疗。我觉得心理疗法中，森田疗法是非常可取的，它主张顺其自然，接受自己。当然真正的领悟需要实践的磨砺。不刻意控制自己的情绪，越想扭转越事与愿违；认识到自己该做什么，直接去做，不管带着怎样的情绪，久而久之，情绪也会反作用于生理。

心理治疗要在摆脱重度抑郁之后才可能有效。我做过 12 次认知疗法，发现如果患者处于好的状态，会有一定效果。认知可以在一定程度上发生变化，但绝非仅靠反省、分析、强调、告诫等，更重要的是行动。往往是阅历和切肤之痛更能改变认知，除此没有捷径。

以我这些年的经历看来，人是很难改变的，尤其是性格。如果药物让人变得和病前判若两人，最大的可能是双相。多少次我觉得自己参透了人生、领悟了真谛，可是一旦发作，才会发现改变是这么难。我们能做的更多是接受，学会与抑郁共处；还有坚持服药，不能盲目乐观。

11 年的病史让我的人生观发生了翻天覆地的变化。其间不是没有过放弃、动摇的念头，尤其在极度痛苦的状态下。支撑我的力量，一个是来自家人，我要对他们的负责；另一个是我相信科学，比较理性。我强迫自己相信：这是症状，一切都会过去，哪怕当时主观上并不相信。只有这样，我才坚持到今天；我知道能拯救我的只有自己。

现在，我期待自己的生活平稳、健康、宠辱不惊。我相信命，也相信个人选择。这两个回答看似矛盾，怎么讲呢？

首先，我觉得命运是很难违背的。比如我的病，我不知道它什么时候来，什么时候会走；我也不知道为什么是我得了这个病，别人没有得。但是面对命运，每个人都有不同的选择。有人选择放弃；有人选择面对，和它博弈。我们是在和命运下一盘棋，一盘大局。你纵观权衡，走出一步棋，永远不知道它会怎样回应你，而且也不能悔棋；你能做的就是走好这一步。

当然有人选择直接缴械投降，比如，自我沉沦，甚至放弃生命。无论哪种我都尊重，这是个人选择。但我的座右铭是：尽人事，听天命。

尽力，你就不会后悔；认命，你就学会了宽恕。

（本文自述部分为小橙子所作）

尘世

因为痛过，所以慈悲
因为懂得，所以宽容

三十年的承诺

（一）

“我已经老了。有一天，在一处公共场所的大厅里，有一个男人向我走来。他主动介绍自己，他对我说：‘我认识你，永远记得你。那时候，你还很年轻，人人都说你美；现在，我是特别来告诉你，对我来说，我觉得现在的你比年轻的时候更美。那时你是年轻女人，与你那时的面貌相比，我更爱你备受摧残的容颜。’”

这段话，出自杜拉斯的《情人》。它是如此有名，应该不需要我做任何介绍了。2017 年 5 月，坐在去往西北边陲的绿皮火车上，想象着此行的采访，我脑海里涌现过这句话。

促使我开启这段行程的，是我收到了一封信，来信者凌寒，一位有着30年病史的双相患者。她家在靠近中蒙边境的一个小县城，通过微信找到我后，似乎找到了依靠，每天都发信息汇报病况。我有一搭没一搭地回应着。她看我经常在朋友圈发照片，也把她拍的发给我看。我偶尔评点几句，她居然很有进步。我觉得她还有点儿艺术感觉，随口建议她：用手机拍总差点儿意思，换个相机吧，哪怕几百元的傻瓜相机都比手机更好用。

几天后，她告诉我，相机买了，是松下的微单。这个款式2.3万元，我曾经看上但没舍得买。我问怎么买这么高级的？她说她对老公说想买一个相机拍照，老公专门跑市里给买来了。她不知道值多少钱。

"你老公对你真好！"我由衷赞叹。

没想到这句夸奖刺激了她。她后来非常正式地给我写了一封信，原文如下：

张进老师：

您好！

我曾经怨恨过，怨恨自己不该来到这个世界，自己是多余的。没有对父母尽到做女儿的孝心，不是一个称职的妻子和母亲。爱人又当爹又当妈，女儿的所有玩具和饰品都是爱人所买，作为妈妈我内心一直内疚和惭愧，甚至连顿可口的菜也没给女儿做过。婚前自杀未遂两次，不愿意拖累爱人，因为他是个大善人。婚后无数次复发，想死，为了这个家没有付诸行动。还有对爱人的不舍，对老父亲、母亲的不孝。如果把人的一生看作一杯有泡沫的咖啡，那些心理健康的人一辈子只是浅尝了杯口的泡沫，我是饮尝尽了生命杯中的每一滴……

这封信磕磕巴巴，但我能懂。她称老公是“大善人”“又当爹又当妈”，直觉告诉我其中一定有故事。我决定走一趟。

“咣当、咣当”，在久违的声响中，茶炉“吱吱”冒着热气，乘客们歪着脑袋昏昏欲睡，列车员在值班的小隔断里无聊地望着窗外。绿皮车载着我，掠过无尽的荒漠，抵达这个小而偏僻的县城。

先把故事梗概写在这里：一位患病30多年的妻子，在丈夫爱的庇护下，坚强地存活至今。

结论也很明确——什么是抵抗抑郁最有效的良药？答案是：陪伴与扶持的亲人之爱。

（二）

绿皮车在站台上停了两分钟，一声长鸣，又开走了。白色的雾气消散后，站台上只剩我一个人。我四面张望，一抬脚出了车站。凌寒和她老公已经等在那里。

凌寒今年52岁。女人到了这个年纪，又被疾病折磨了30年，我没敢去想象她的样子。一见面，毫无准备地，我眼前一亮：白皙的皮肤，一袭黑色的风衣，搭配红色的围巾；高挑的身材，束着腰，面容姣好，岁月和疾病没有在她身上留下太多痕迹。倒是她的丈夫，大大咧咧，穿一件夹克，敞着怀，脸色黑红，粗壮结实。

我是带着长途旅行后的轻松出站的，还有些兴奋；凌寒的表情却很凝重。和在网上话痨不一样，她略带矜持地和我握过手，一转身，哭了，哭得很凄惶。她丈夫（这时我已经知道叫小武）不知所措，赶紧劝慰；我示意他别管，让她哭。我很理解：抑郁症患者的内心，即使身边最亲近的人也是无法彻底进入的。她见到我，仿佛在敌占区见到同类，当然喜极而泣，又悲从中来。

小武跑前跑后，安排我到宾馆住下。凌寒这时不哭了，她让小武去上班，说要单独和我说话。她说话很慢，一句一停顿。她解释说，因为多年脱离社会，已经不会说普通话了，为了接待我，专门在家里练习了好几天，请我原谅。

在叙述的时候，她并不看我，眼神迷茫，仿佛在自言自语。

悄然来到我的生活

我是在农村长大的。我们那儿半农半牧，我家在农区，是汉族。我有六个姐姐，一个哥哥，是一个大家庭。小时候家里很穷，不过我在家里最小，没受过什么苦。

现在回忆，我很早就抑郁了。我从小学习好，是全家人的骄傲，一大家子都宠我，可我没高兴过。上初中时，我特别喜欢语文老师和英语老师，到了初二，这两位老师突然调走了。别人都没什么，我却觉得天塌了，难受得不行。

后来上了师范，抑郁就很明显了。那时没有死的念头，就是觉得活着麻烦，没意思。本来正是青春花季，却觉得日子那么难。伤春悲秋，树叶飘下来都觉得凄凉，同学们叫我林黛玉。

我学的是美术。第一次上写生课，老师让我当模特儿，坐在凳子上给大家画。全班那么多双眼睛盯着我，我恐惧极了，手足无措。

那时心很重，承受能力特别差。有一次开文艺晚会，老师让我当主持。我太紧张，报幕时把两个同学的名字报错了。我哭了好几天，觉得是奇耻大辱，不能原谅自己。

师范三年级，下乡实习。我恐惧讲台，夜里怕得睡不着。元旦晚会，每人都要出节目，同学们都兴高采烈，只有我早早逃走，因为害怕别人请我跳舞。我讨厌自己的逃避，觉得活着是多余的。同学们都说我性格内向，毕业纪念册上一位老师给我留言："愿你在沉默中爆发。"那时我不知道这是病。

毕业后，我被分配到邻村小学。小武已在那一年了。我比他大一岁，但我上学晚，又复读过一年。我一到学校就很受欢迎，追求者不断，小武是其中一个。小武对我很好，别人请我吃饭、跳舞，他就替我上课。他知道我有讲台恐惧症，一看我不行了，就主动替我上课，给我救急。有时候带我到河边走走，也不多说话，就是陪着。看我心情不好，安慰我说，我是性格问题，磨炼磨炼就好了。哪知道一直没好呢？

就这样相处了一年，我觉得他踏实可靠，慢慢接受了他。又过了一阵子，和他订婚了。

我是被他感动才订婚的。我不想结婚，从没觉得结婚是好事。自己病歪歪的，结了婚多拖累人家。还要养孩子，面对公婆，我承担不起这个责任。

婚期近了，我压力越来越大，悄悄攒足安眠药，想着在结婚前把自己结束。我怕我死了，家里人找小武的麻烦，就写好遗书，说明是自己想死，和小武无关。

正准备吃药，姐姐带孩子来家里玩，我赶紧把药瓶和遗书塞到枕头底下。孩子和我打闹，不小心把遗书翻出来，药瓶滚到地上。姐姐吓坏了，也很奇怪：人这么漂亮，工作又好，男朋友又好，为什么要自杀呢？全家都知道了，把我看得紧紧的。

暑假后开学，面对学生，我不敢上讲台，还是小武替我上课。我请了三天假，在宿舍躺了三天。到了第四天，下定决心，还是死吧。一个人来到河边，那天是周一，一个学生在河边背书；然后又一个羊倌来放羊。一个上午，来来往往人不断，一直没有机会跳河。

就这样耗到下午 2 点多，我还在河边来回走，我姐和小武来了。原来吃中饭我没在，全家人慌了，到处乱找。后来还是小武想起他经常和我到桥墩这儿，就过来看看。

看到亲人，我哭了。小武也哭了。他问我："你是不是对我不满意？实在不满意就算了，我还一样对你好。"我哭着说，不是，我也不知道为什么会这样啊。

就在河边，小武对我说："不管你为什么这样，结了婚，我会一辈子对你好的。”

这一句话，拖累了他 30 年。

凌寒说到这里，沉默下来。她的最后一句话，让我脑子里浮现出这篇文章的标题——《三十年的承诺》。我觉得就是它了。

我告诉凌寒，现在大家都明白，无缘无故、长时期的情绪低落，就是抑郁症的症状。但那个年代，谁能知道？你那么小，就高兴不起来，恐惧、害怕，很可能你的病是内源性的，这和你，和你的原生家庭、社会环境，没有太大关系。

“这样想，你也许可以少一些怨悔。”然后我继续问，“后来你的病怎么样了呢？”

凌寒继续讲了下去。

黑暗中的光亮

这年冬天，我们结婚了。婚都结了，我下决心好好活下去，听小武的话，不再自杀。

学校是待不下去了，总不能天天让小武代我上课吧？只好辞职。后来我在亲戚开的店里帮过忙，但干不长，又辞了。从此再没有上过班，就缩在家里。

往后，病越来越重。整晚失眠，最长持续三天三夜没合眼，整个人好像罩在一个大罩子里，头重脚轻，脚底像踩棉花。脑子里似乎有根弦，越绷越紧，马上就要断了。吃饭味同嚼蜡，拼命咽下去，立马又吐了出来。心慌，害怕，头晕得不行，整天赖床，只有待在床上才觉得安全。

最害怕的是见人，现在知道这叫“社交恐惧症”。见生人还行，一碰到熟人，赶紧躲。偶尔出门，要戴帽子、戴口罩，把自己严严实实套起来。

最严重的时候，连小武和女儿都不能对视。有好几次就是因为不得不应酬，一紧张，病情复发了。有时候在家里都不敢有动静，怕邻居知道我在家。

有一次回娘家，在厨房做好饭，就是不敢往桌上端。当时餐厅只有老父亲和老母亲，怕什么呢？我在厨房哭了半天，深吸一口气，鼓起勇气把饭菜端到桌上。连父母也不敢看，赶紧吃完就跑回家，边跑边哭。

后来有了女儿，负担更重了。带女儿过十字路口，那时没有红绿灯，街上一辆车接一辆车，我在路边站了好半天，就是过不去。每次我犯病，我都会对小武说：“小武，我不想给武湘当妈了。”我没敢看他的表情，他说：“不要瞎说，不要瞎说。”赶忙岔开话题。妈哪能说不当就不当呢？我只是觉得承担不起母亲的责任。

最不能原谅自己的一件事情是，有一次女儿在学校突然晕倒，不省人事，下巴磕了个大口子。班主任通知到我，我状态不好，不敢去。小武当时在乡下，骑车 40 里路赶回来，女儿已经被送去医院，下颌缝了 9 针。我心如刀绞，一个人在家里号啕大哭。女儿生死关头，我选择了逃避，我配做母亲吗？又想起女儿小时候参加文艺会演，其他孩子都是家长给换服装，女儿的服装却是老师换的。还有一次，女儿说，同学家长帮她梳头。这些事，孩子说一次我哭一次，好像有一把刀往心口扎。

小武和女儿还是挺体贴我的。有一年夏天，我在家躺着，父女俩在外面晒衣服。听到小武对女儿说，你妈爱整洁、爱干净，咱们把衣服洗了，把地拖了，家里收拾利索了，你妈就不烦了。女儿说什么我没听清。当时我泪流满面。

女儿高考成绩不错，考上了外地的大学。我们这里时兴贺大学，就像结婚一样。如果我状态好，一定要贺的，可我没法参加，不去自责，去又不敢。小武说了，我们不贺了，节约点儿钱。其实还是贺了，是去他老家贺的。父女俩的保密工作做得太好，后来我在垃圾桶里发现了撕碎的请客名单。我哭着说：我家姑娘，是不是没娘，你娘死了？他俩一个劲儿安慰我。

好在我这个病是间歇性的。好几个月，坏几个月。坏的时候，在家躺半年，恨不得连气也不喘；慢慢缓过来，又能正常生活一段时间。小武和女儿也习惯了，不当是个病。

终于有一天，我们才知道这是一个病。大概是1999年，小武家有一个熟人，因为酒精依赖，去外地大医院治疗。回来后对我们说，他听说有一种病叫“抑郁症”，和我的情况很像。

听了这个话，我号啕大哭。这都十几年了啊！好比在黑暗中看到了光亮，第二天一早，小武就带我上路去治病了。那时我们也不知道抑郁症是个啥，只知道是个不光彩的病，偷偷摸摸的，对外就说去看心脏病。

从 1999 年到现在，十年时间，我一直在治病。从地区医院，到省城的医院，到北京的医院；从西医到中医，到心理治疗，到民间各种偏方，跳大神，都试了个遍。

第一次看病，是在盟里的一个市，哪家医院记不清了。是个四十多岁的男医生，开的药是马普替林片。这是第一代抗抑郁药，现在早淘汰了。

也住过院，光区里的医院就住过两次。第一次去，过了两道铁门，进入走廊，到处是酒精炉，还有其他灶具，是病人家属做饭用的。整个楼的窗户用铁护栏封着，真像监狱，就差有铁丝电网和狱警来回踱步。

我那间病房有四张床。两张空着，另一张床边上站着个女娃娃，瘦瘦高高的，见我们进来，立刻把头低下去。旁边是母亲守着她哭。年龄这么小就住精神病院，我鼻子一酸，眼泪在眼眶里打转。还看见一位男士，摇摇摆摆地走路，傻笑着，遇见护士拍一下人家的肩膀。估计这类人没有自知力，也不怎么痛苦。

有一次，我正躺床上打点滴，忽然听到走廊里闹哄哄的，有人大声哭喊，“砰”的一声，摔倒了。接着听到一位女大夫的声音：“捆住！快用绳子捆住！”我不忍心听下去，小武以为我害怕，赶紧说：“别怕，有我呢。”我很难过，又觉得心里暖暖的。

那几次住院都是小武陪我。每天拉着手带我走路，早上用热毛巾给我擦脸，晚上用热水给我洗脚，没一点儿不耐烦，反倒说他对我很有用。

后来还做过心理咨询。那时不知道什么叫心理咨询，听说有用，傻乎乎做过很多次。第一次是在市中心一个楼上，有600元、800元、1200元三个价位，我挑了个600元的。我们一家三口都去了，医生让我在一张纸上画人、鸟、房子。画完问小武和女儿，会不会做饭？厨艺如何？不知道为啥问这些。问完放音乐让我闭上眼睛听，听着听着我都快睡着了。过一会儿医生回来，让我每天用普通话朗读课文，经常对着镜子自己夸自己。就这样治疗结束了。

2006年5月，我还跟人去区里听过三天心理学课。讲课老师据说是北京的一个大腕，听课费1500元。我像听天书一样，只记住两个词：投射，反投射。学费里包括午餐，记得是荤素搭配，还有鸡腿。

北京也去过好几次，为了省钱，住地下室旅馆，一个人一晚60元。有虫子咬，我睡不着，小武心疼我，换到快捷酒店。那是2001年，快捷酒店一天也要100多元。

在北京人生地不熟，挂不上名医，就花高价买黄牛号，一个号要三四百元。我们去一趟北京，就得花一两千元。好在家里人听说有了希望，都愿意借钱给我们去治。

那些年没少花钱。小武工资700多元，药费每月1500元。我不会理财，不知道全家一年开支多少。我问小武，他也不知道。管他呢，钱乃身外物，要不咋叫人民币？人民币是大家的，生不带来，死不带走。

在北京还被医托骗了一次。那次我在医院大厅等小武，忽然一个三四十岁的中年妇女过来和我攀谈，我就跟她走了。不记得是哪里，反正离市中心很远，类似私人诊所，墙上挂了不少锦旗。那个女的对大夫说，我们是她的亲戚，让价钱上照顾点。把完脉开药，很贵，小武借口身上没带那么多钱才脱身。

最后一次心理咨询，是在邻区一个小市。小武在网上查到一个咨询师，看了简介，挺适合我，约好时间就去了。记得是个午后，到了咨询师家，他妻子正在院子里洗衣服。落座后，咨询师看了看坐在对面的我俩，慢言慢语地说：我看你俩咋不像夫妻？一句话就让我不高兴了。后来不记得对方又说了什么，我和小武彻底没信心了，扔下钱就走了。

那时交通不便，去市里、省城、北京，都坐硬座，有时候还是站票。到后半夜，小武开始转车厢给我们娘俩找空地睡觉，找到就让我们娘俩先睡，枕头是行李包。车上吃的都是上车前买的，泡面、茶蛋、饮料、瓜子，等等，父女俩都爱吃零嘴。小武去泡面，把茶鸡蛋剥好泡在汤里。我吃一碗，小武和女儿吃一碗。女儿那时饭量小，小武说吃了女儿剩的面，加上喝我剩的汤就饱了。

有时候赶不及车，就在车站过夜。我躺在长椅上，头枕在小武身上，挨到天亮。让他躺会儿，他不躺，就找地方抽烟去了。

凌寒的求医经历让我无言以对。这是身在北京的我无法想象的。我知道中国基层精神疾病知识欠缺，治疗水平不高，可他们十年时间，走过这么多弯路，花了这么多冤枉钱，仍然让我惊讶。

正说话间，小武回来了，说要带我去一个沙漠湖拍照。坐在副驾驶的位置上，我和小武攀谈起来。我问，凌寒说拖累了你，你觉得呢？他承认，刚结婚的时候，也没料到她真的有病，会病这么多年。不过，他也没觉得这算拖累。

他轻描淡写地说："我这辈子没有大的志向，能拖累啥？她身体也不是总是坏着，反反复复多了，知道总会过去的。夫妻这样是本分，应该的。"

小武不肯太多说自己，我只好继续问凌寒。车到沙漠湖，小武坐在车里抽烟，等我和凌寒去拍照。走在湖边，凌寒讲述了三十年间夫妻俩相处的故事。

不离不弃的陪伴

这些年，全家大大小小的事情，都是他在忙，既当爹又当妈。他应酬特别多，每天忙得像陀螺。如果不回家吃饭，就会先赶回来替我做好饭；或者应酬后，赶紧打包回来，怕我饿着。

他是个大善人，不光对我好，对他家里人也好。三十年里，我和他一共生过两次气，都是为他家里的事。

一次是我刚发病不久，辞了工作，和他大姐开一个小店，因为琐事闹了矛盾。他不分青红皂白要我向他姐道歉。他就是向着自己家人。

还有一次，因为他整天在外面应酬，喝酒，我担惊受怕，忍不住对婆婆埋怨说，他就是两个结局，要么喝醉了从工地上掉下去，要么脑血管堵了睡过去。后来婆婆和他讲了，他责怪我对婆婆说话太大声。

每年春节除夕，他都要回他家过。那时我病重，见不得人，他就带女儿去。父女俩穿上新衣服去婆家大团圆了，我一个人在家煎熬。各家灯火通明，噼里啪啦的鞭炮声，我觉得活着没有一点儿意义，心真痛。好在过了两三个小时，父女俩就回来了，在家里重新庆祝。我强颜欢笑，有时连强颜欢笑也做不到，为自己不能给家庭带来欢乐而自责。

2011 年，婆婆病重。他说，老人怕是时间不长了，得接到城里来享享福。他动员我把家让给公婆，我们俩搬到一个废弃的平房住。我二话不说答应了，他后来一直念着我这个好处。

后来婆婆去世了。小武自责得难受，说婆婆可怜，后悔没有积极治疗，要不还能多活些日子。我劝他说："你不要自责，这些天你工地也不去，每天待在医院，每晚两小时换一次尿不湿，插管、喂营养液全是你。你妈走那晚，你哥去别的病房睡去了，你守护直到离世。下葬前四天，你都守在灵前。每晚守夜你都选最难熬的后半夜，每两小时起来上香。生老病死，我们左右不了，你尽力了。只是我作为儿媳妇，没能和你一起送老人最后一程，你能理解，但家里兄弟姐妹不一定能理解，我让你为难了。"

听我这么说，小武反过来安慰我，说他不怨，他家里人也不怨，都知道我的病。说着说着我们两个人都哭了。

当然也有笑的时候。一次家里有工人来干活儿，房子小，没处躲，小武就把我整个蒙在被子里。工人一出去，赶紧揭开被子让我透口气。看我这个狼狈样，小武笑个不停，说我是掩耳盗铃。

有一次，我难受上床先睡了，忘了吃药，喊小武帮我拿药。他答应了，端着水，拿着药过来，我正准备起身去接，突然小武端起水杯，一仰脖，把药吃了。我说你咋把我的药吃了？他才反应过来。那时他也吃高血压药。我忍不住笑，笑得眼泪都流下来了，小武也笑了，两人笑成一团。

说到这里，凌寒难得露出了笑容。苦难的岁月，这一点点苦中作乐，支撑着他们，一天天坚持下来。

凌寒继续往下讲。再往后的事情，我知道一些了，因为和我有关。

那是 2016 年 4 月的一天，我在清华大学做了一场抑郁症科普讲座。她有个亲侄女，在北京工作，也去听了。听完把我的情况告诉她，还买了我写的《渡过 1》寄去。拿到书，她和小武连夜看完，才知道这个病是可以治好的。全家人有了信心。后来通过侄女，她加上我的微信，从此和我联系上了。

那时，她只是我众多读者中的一个，我说过什么，自己全不记得，她却记得清清楚楚。说话间，她打开手机让我看，我很感动，当时我说的一大段话，她居然完整地保存在手机上。

那天，她和小武看完《渡过 1》，一对比，觉得她的病也是“双相”。他们重新去地区医院，把这个猜测告诉医生，让医生按双相治；又想再到北京来治。他们问我意见，我仔细看了看当地医院开的药，大体差不多，就劝他们说：来北京治疗，成本太高，先在本地治疗吧，实在无效，再来北京。

在她的手机上，我看到了我当时给的意见，完整抄录如下：

1. 你的病，主要靠吃药；心理治疗也有用，但心理治疗的主要目的，是让你有信心，能够坚持治疗，永不放弃。

2. 吃药对身体基本无害，尤其是吃了这么长时间的药，即使有副作用，也慢慢适应了。

3. 你的药，情绪稳定剂（丙戊酸钠、碳酸锂、拉莫三嗪）坚决不能停。情绪稳定剂的作用，是在你低落的时候往上拉，在你兴奋的时候往下压。在此基础上，抗抑郁药（帕罗西汀、米氮平）和抗精神病性药（喹硫平）可以微调。

4. 在治疗的同时，加强锻炼，每天步行两个小时以上。

5. 此外，尽可能找一些事情做，不能和社会太脱离。

6. 眼下，先在本地医院，按我说的坚持治疗一段时间。如果状况好，则万事大吉；如果再次循环，那再来北京。

从那以后，她按我的要求，足量足疗程规范治疗，再没随意停过药。小武担任她的药剂师，每天把药准备好，监督她吃药，还学会了给她调药。

说到这里，我和凌寒已经回到车上，小武开车带我们回去。我问小武：“小武，你一本书都没看完，也不懂，凭啥给她调药啊？”

小武回答：“我看她情绪高了，就把喹硫平加一点儿；情绪低了，就把文拉法辛加一点儿；稳定剂基本不变。加多少减多少，看她的状况。”

他举例说，平常凌寒都是懒洋洋的，有一天中午，他回家，刚睡个午觉的工夫，她就上了两趟街，买了好多东西，“躁狂了”。

说到这里，凌寒不同意。她说：“那天我不是躁狂，是感觉不对劲，又要掉进去，赶紧争分夺秒与时间赛跑，给家里多干点活儿。”

我没理凌寒，由衷地夸奖小武：“你这就是精准调药。任何医生，都不如你对她的情况了解得准啊！”

服药的同时，凌寒还报名上了当地的老年大学，学习书法、国画和摄影。渐渐开始与陌生人社交，尽管还不敢见熟人，但总算比过去零社交前进了一步。

那段时间，她随时随地把她的经历、感觉写给我，不管我看不看。比如，她会写：

今天下午独自一人去干洗店洗衣服，和店主交流时没有恐惧的感觉，还去附近店里买了一块丝巾。下星期一，准备上课去了，好高兴呀。

她在微信上，记载了过去一年几次波动：4 月好转；8 月同学聚会，复发；11 月，恢复；转过年 4 月，一个远房亲戚要来，发愁招待，又小复发。

不过，总体来看，这两年，她好的时间越来越多，坏的时间越来越短。她甚至总结出经验：只要出现心慌，就是快复发了，但还能撑半个月——这是抓紧调整的最后时间。

经历了近三十年的折腾，凌寒总算步入了正轨。她继续讲了下去。

感受生活的乐趣

认识您以前，每次病情复发，我都是单打独斗，像死猪躺在案板上，也像待宰的羔羊。现在“渡过”公众号的每位患者，无论是痊愈的，还是正在痊愈路上不放弃的，都是我精神上的支柱。

病重的时候，我躺在床上起不来。只要病情好转，能起得来，我就出门去拍照。我特别享受拍摄的过程，拍了几个月，自我感觉进步不小。我还能拍照，不是废人一个呀！这么一想，心情就好了。明显感觉到自信在一天天积累，不惧怕人群了，注意力也能集中了。

有一天下午，在厨房看到对面高楼上两个工人吊着擦窗户，我想都没想，飞奔到卧室拿上相机冲进厨房，隔着玻璃狂拍。小武在沙发上躺着看电视，看我这样，说：“秋天树叶都黄了，我陪你出去拍秋景吧。”他这一说，我才反应过来，刚才我的举动肯定让小武觉得我躁狂了。但我知道我没躁狂，是进步了。我们夫妻俩高高兴兴出了门。那一下午阳光很亮，一点儿风也没有，我拍了好多照片，从没那么高兴过。

后来我就经常自己出门。第一次是去理发店做头发。我鼓足勇气走进去，说明来意，然后故作镇定摆弄手机。理发师与别的顾客聊天，过一会儿那女顾客走了，我一下子紧张起来，心想刚才她为我遮风挡雨，现在就剩我面对了。好在理发师和我说了两句话，看我没心思，就不说了。洗完头，吹干，付款，马上离开。走出门的一刹那，我长出了一口气，心想脱敏了一次，算是小小的进步。一高兴，回家路上还拍了好几张照片。

现在我一个人在家，只要没有痛苦的感觉，就不胡思乱想。洗漱完毕，吃了早点，把家收拾干净，就看书、看电视，学习心理学。泡杯咖啡，我对咖啡的烘焙味很喜欢。只是因为睡眠不好，只在上午喝一杯。有时也喝茶，品茶更好。渐渐我开始体会到生活的乐趣了。

前几天我一人出去转转，到了当年那个铁桥边，不由得想起了二十多年前，小武骑自行车驮着我。当年的土路崎岖不平，遇到难走的地方，我会跳下车和他一起走。我唱歌给他听，都是些伤感的、沉郁的、迷茫的、无助的，记得有姜育恒的《再回首》、齐秦的《大约在冬季》，等等。

旧地重游，物是人非，我已从妙龄少女变成了臃肿老妇。火车时不时穿过铁桥，隆隆声萦绕耳畔，“活着真好”的意念进到了我的心间。我又哭了。想到女儿都二十多岁了，我还没好好活过啊。

三天后，我结束采访，要回北京。夫妻俩一定要把我从县城送到地区所在城市。

我们是当天下午到的，先在那个城市住了一晚。第二天一大早，小武领我去宾馆餐厅吃自助餐。桌子上放着一个牌子，“鸡蛋一人一个”。小武说：“以前不限量，随便吃。”

我问：“你以前住过这儿？”

小武答：“太熟悉了，三次住院，都住这儿。”

他告诉我，因为凌寒受不了医院的环境，他向医院申请，每天去医院治疗，挂点滴，然后到这个宾馆来住。“交两份钱。”他颇有些心疼地说。

说着话，我和小武端着早餐盘去找凌寒。她正坐在一张桌前，望着窗外的蓝天。

她指着窗外，对我说：“那些年，我就坐在这个位置，看着这座楼。就想，这楼就几层高，跳下去也完不了啊……那时整天就想着死……”

小武说：“三十多年都过来了，现在得好好活了。”

凌寒仍然沉浸在回忆中：“我状态不好时，老是问小武，我拖累你吗？问了无数次。他总说不拖累。我不相信，他是不想让我伤心。其实换位思考一下，不就全明白了。”

说着，她转过头，对小武说：“这一生亏欠你太多，没法弥补了。”

小武回答："你不是总说我将来身体会垮吗？那你赶紧好起来。将来你好了，我不行了，你来照顾我，就弥补了。"

……

吃完早餐，夫妇俩打车送我去机场。车上司机放着俄罗斯民歌《喀秋莎》。这时凌寒的情绪格外好，又回忆起来：三十多年前，她、小武，还有一个女同事，三个人一起打牌。小武打输了，被逼着唱歌，唱的就是这支《喀秋莎》……

在想象中，我仿佛看见，三十年前，在乡下简陋的宿舍里，几个年轻人哄着，闹着。她强打精神，强颜欢笑，小武则不时偷看她一眼……那时，他们都还年轻，还不知道未来会遇到什么。但是走着走着，大半辈子也就走过来了。

补记：

凌寒和小武的女儿，在外地上大学，我没见到。从照片上看，是一个美丽、爽朗、阳光的女孩儿。后来通过微信，我采访了她。她给我写了一封信，谈起她妈妈，她的一家。

全文如下，一字未改。

自从我记事以来，"我的妈妈和普通的妈妈不一样"这个想法就一直伴随着我。因为妈妈的抑郁情绪，我常常被托付给大姨照顾，不能随意带小朋友回家玩儿，所以我一直是一个乖乖女，懂事、听话，也不免有些内向。小时候，总是觉得爸爸最好，其实回头想想，那时候年纪太小，觉得爸爸关心最多，就最爱我，但是看不到藏在妈妈心里的爱，其实，他们对于我的爱谁都不比谁少一分。

随着年龄的增长，我渐渐懂得了妈妈的苦楚。我之前一直不愿意承认妈妈是病人，可能因为了解有限，也可能妈妈在比较好的状态时，那种明媚的样子让我感觉她从未那么难过，从未有任何病痛。

现在，随着知识水平和认知水平的提高，我逐渐意识到妈妈的痛苦来自心理和生理两个方面，像感冒一样，可以科学地解释其原理。在我看来，妈妈的病痛就像感冒一样，综合了很多因素，合乎常理地发生，也同样会有康复的时候；我们不能保证一次痊愈后就不再感冒，也不能因为害怕感冒而放弃正常生活，只是要以一种健康的生活方式来避免感冒的发生。

对于有一个抑郁症的妈妈，除了一些无奈的苦楚，我大多数时候其实是感到幸运的。我相信上帝为我们家关上了一扇门的同时，也打开了不止一扇窗户，我们这二十几年来的生活也是幸福甜蜜的。

其次，可能是从小做事需要观察爸爸妈妈的心情，我养成了善于捕捉他人情绪、擅长换位思考的习惯，对于现在的人际交往，我常常受益匪浅。说实话，妈妈的社交困难也对我有一定的影响，但是妈妈总是鼓励我走出去，去体验外面的世界。有爸爸把关安全问题，妈妈鼓励我勇敢，我渐渐体会到了自己走得越来越远，一直走在遇见一个更好的自己的路上。

最后，因为妈妈的经历，我的家庭对于成绩往往有着大多数家长没有的宽容，通常以引导和教育的方式陪伴我的成长。在一个充满善良与爱意的家庭氛围里长大，可能这就是所说的富养吧，让我有了爱的能力，以充满爱意的心态对待周围的人，去爱生活，爱这个世界。

（本文自述部分为凌寒所作）

像野草一样活着

在我的作者中，雨燕是学历最低、天分最高的一个。学历和天分无关，在雨燕这里得到了充分证明。

雨燕初中没毕业就辍学打工了，但这并不妨碍她喜爱文学。她后来告诉我，她小时候不爱学习，不过作文是她的强项，经常被老师表扬。她少女时代有一个作家梦，可惜她的热爱仅限于琼瑶和金庸，看的杂志也只是《故事会》和《知音》。

注意到雨燕，是我的偶然一瞥。2017 年春节后，“渡过”组建了多个读者群，有药物的，有心理的，还有写作、摄影的等。这是读者的自组织，无须我过问，我只是在闲暇时随便看看。

某日，我随手打开一个群，大家正聊得热火朝天。突然，长长一段话跳到屏幕上：

刚订婚他就对我家暴。那天我在卖衣服，我和一个顾客吵了两句，他就暴跳如雷。那么多人拦着，他踩我几脚，骂我“泼妇”，嫌我丢人。当天下午我一个人在大街上走，一边走，一边哭，在公园坐了一下午。晚上我到大马路上寻死，数来往的车辆：单数，死；双数，活……一直数到22，回到租的房子里。

这段对老公的控诉没头没尾，但活灵活现。我注意到说话人是雨燕，加她好友，和她私聊。我问了她的经历，约她给“渡过”写稿。她说她除了小时候写过作文，从没写过文章；又说她不会用电脑。

我说，不会用电脑可以用手机；至于写文章，也不神秘。你把写文章当成说话，怎么想就怎么说。先把想说的录下来，整理成文字；再分段落、分层次；再加开头、结尾；再修改字词，最后落在纸上的就是文章。一个人只要会说话，就一定能写文章。

“对对对，”雨燕大受启发，“我最会唠嗑，别人说我哪都笨，就是嘴不笨。”

之后，雨燕就开始给我写文章了。那段时间，她非常痴迷，只要闲着，就在手机上敲字，敲一段发一段，我也一段一段保存下来。就这样持续了一个多月，最后一统计，好家伙，3万多字！

读着雨燕这些零散的叙述，我很感动。一是感动于她的真诚，她呈现给我原汁原味的生活，虽谈不上写作技巧，却是发自内心，浑然天成；二是感动于她的顽强。不仅雨燕，许许多多像她一样生活在社会最底层的人们，微末之躯，无所依靠，辛苦辗转未能磨灭他们的善良。

我想起了屈原的两句话：长太息以掩涕兮，哀民生之多艰。

我把她的3万多字，精编成6000多字。不假思索地，一个标题跳了出来——《像野草一样活着》。

这里的“野草”，在我心目中象征着生命力。一年的采访中，雨燕也好，其他人也好，我觉得他们有一个共同的特点，就是有着野草一样顽强，虽艰难困顿也不能折损的生命力。

2017年8月，我启动新一轮行程，到河南安阳见雨燕。陪她看了一次病，到她现在工作的商场看她卖空调。雨燕也陆陆续续增补了很多内容，于是有了下面这篇文章。

患病二十多年

2016年12月26日，我第一次在网上看到“渡过”公众号，当时我正在精神病院住院。

我关注了公众号，每天早上醒来，第一件事就是看“渡过”的文章，以前的文章也补看了。印象最深的是《打破过度沉思》，我看了两三遍。最近十多年，只要生活中遇到一点儿烦心事，就会失眠，胡思乱想，从一件事联想到另一件事，眼前像过电影；有时候又发呆，大脑一片空白。哎，累死了，烦死了！那时候不知道这就叫过度沉思、思维反刍。

后来，加入了“渡过”读者群，好像找到了娘家。在这里大家畅所欲言，我这个话匣子一打开就收不住。越聊越上瘾，把我这20多年的经历全讲出来了。

我活了40岁，20多年的时间在生病。但到现在都不知道我到底是什么病。说是抑郁吧，有过幻觉；说是精神分裂吧，又有躁狂。医生们意见也不统一。门诊部主任给我诊断为精神分裂，住院部医生说我是抑郁，都是一个医院的，闹起来不好看，那我就选精神分裂吧。

最早是产后抑郁。那时女儿睡反觉，夜里三四点还不睡，一直要抱，往床上一放就哭，我屁股一挨床就哭。我抱着女儿里屋外屋来回走，瞌睡得头抬不起来，整个人脱形。老公不管，还骂：连个孩子也看不好，哭，哭，再哭把你摔东沟里摔死！就因为他这句话，我整个月子度日如年。

女儿睡觉了，我还得洗衣服、做家务。回娘家，娘家人都说不认识了：姑娘咋这么瘦？婆家不让咱吃饭？

抑郁后，我对什么都不感兴趣，洗脸、刷牙、洗澡都特别难。头顶麻木，好像扣着一顶铁锅，沉甸甸的。看同事聊天只见嘴在动，说的什么一句也不懂。

后来出现了躯体症状，心慌，胸闷，胸疼，耳鸣。村医说，我不是器质性病变，我是抑郁了。我哪懂？去市人民医院心理科看病，走到门口看见一个女的从里面出来，呆呆的，面无表情。我害怕了，觉得自己没她严重，转身就回家了。

正式第一次发作，是2001年。起因是老公的嫂子冤枉我打她儿子，老公亲眼看到我没打，不为我做证，还嫌我赌咒发誓，骂完又来打我。

我一气之下跑到村里一口井那，搬开井盖子就跳了下去。冰冷的水把我刺激得清醒了，在水面上漂着。也邪了，就不往下沉。听见老公大声哭，非要往下跳。小姑拉着他，不让他跳，骂他嫂子："你可出气了吧？你咋不死？你咋不死？"一会儿人多了，老公的哥哥吊到井里，在我腰上拴了绳子，把我拉了上来。

第二次发作是 2007 年离婚后，发现孩子有先天性心脏病刺激的。这次看中医，说我是严重抑郁，吃了九服中药，慢慢就好了。

第三次是 2014 年，眩晕时间长了，还是不想去看。在家挺了一个月，出现幻听、幻视、狂躁，想打人，大声吼。一会儿哭，一会儿笑，像着了魔。老公和婆婆害怕了，带我去医院，说是精神分裂症，让住院。我死活不住，就开药回家了。

开始三天去一次医院，后来一星期去一次，最后一个月去一次。整整吃了一年药，到年底更严重了，整个人快成木僵，在原地来回走动、转圈，眼睛昏花。对什么都不感兴趣，觉得活着没意思，不能听任何声音，不想洗澡洗脸、刷牙，也不想上班。

之后这十七八年，断断续续治，越治越重。2014 年 9 月，突然失眠，心慌，唾沫多。高压 170，低压 140。看一位老专家让我住院，说是抑郁症。

就这段时间，幻觉出现了。住院第 10 天早上，突然听见有人叫我名字，打开灯一看没人。我使劲猜那个人是谁？声音特别熟悉，像我叔叔，又像我姑父。胡思乱想会不会是我姑父病重，向我告别？又看见我站在一个高台上，下面是河，有一条船。我对自己说：不去看，不去想。摇一摇头，另一个画面出来了，一队人排着队，穿着孝衣，我一个一个把他们拨到身后，挤到前面告诉他们：你们哭得不像，我来教教你们。

然后又是一两秒工夫，再摇头，看见一块石碑，上面写着“六十周年”。我抱着孩子站在悬崖边上，眼看要掉下去。又两三秒的工夫，眼前突然一张脸，像是我爸，又一下变成一个鸡蛋，还挂着眼泪，乱七八糟的。

我吓坏了，知道这不正常，但心里一点儿也不傻，就是控制不住想大声吼。心里有千百只蚂蚁在爬，好像毒瘾犯了。一会儿哭，一会儿笑，一会儿又想唱歌。

就这样折腾了一个月，医生给我改了诊断，说是精神分裂症。吃了 40 多天药，好了。

稳定到 2016 年 3 月，人变得特别兴奋，一个月买了 7000 多元的东西，其中床上用品就 3000 多元。同事都说，是不是吃药的原因？问医生，说是舍曲林刺激转躁，把诊断修改为双相。我说你咋不早说啊！减了一片舍曲林，只吃一片。

3 月还办了一件错事：我用广发银行卡给我姐贷了 20 万元，分 12 期还。还了 5 个月，还不上了，银行天天催我要钱。但那时候我特别兴奋，觉得自己挺了不起，能贷 20 万元。

再后来，又出现幻觉。那是大白天，中午和同事说着话，突然看见一个老大爷推着一辆三轮车朝我走来，车上满满一车树枝，吓得我没敢给同事说。下午又突然看见一个瘦瘦的女孩儿，背对着我，穿着黑白格子衣服，长头发，一晃就不见了。

这些年，陆陆续续吃了好多药，有治精神分裂的，有治抑郁的，还有治双相的。每月 900 多元，一直吃到新农合改成医保。因为治疗不规范，好几次都是因为停药复发。现在有了经验，吃药不能怕花钱，要足量足疗程。越心疼钱，越治不好；结果花了更多的钱，数都数不清了。

为啥得病？我觉得和原生家庭有关吧。我妈妈受了我爸一辈子气，挨打无数次。很小时候就听我妈说：要不是为了你们，我早就死了好几次了。

小时候，我和姐姐犯了错，不敢回家，藏在奶奶家的炕洞里。要么就手拉手在野地里转，商量说，回家要挨打，要不我们去跳井吧。到井边，探头往下一看，那么深，还有死老鼠在上面漂着，就害怕了。磨磨蹭蹭就听到我妈在大声找我们，就回家了。

我姐弟四个。一个姐姐，一个妹妹，还有一个弟弟属马，都 40 岁了，还没有对象。我觉得弟弟也抑郁。他也不是个省心的孩子，被我爸妈惯坏了。去年他来投奔我，我在村里给他租了一个房子。后来我们谈话，才知道他也抑郁。他说：姐，不知道怎么回事，脑子里就像放电影一直想从前的事情，到现在我都觉得爸妈没有走。

我一说弟弟抑郁，老公、女儿都一致反对，说：你抑郁，就觉得别人也抑郁？唉，一句两句跟他们说不清楚。

艰难谋生

病归病，日子得过，要不然谁管？这 20 年，我忙得像个陀螺，因为没文化，日子过得很艰难。

我初中没毕业就退学了，那时我刚 15 岁，就出门打工。第一份工作是在砖厂撤烟筒灰，每天挣 2 元钱。第一个月开支 60 元，我花 3 元钱买了一双鞋尖带蝴蝶结的红色皮鞋，心里那个美呀，形容不出来。

第二份工作在陶瓷厂，主要工作是做花瓶。先把浆打好，做胚胎，再清洗，上釉，最后烧制。这时候工资涨到每天 2 元 5 角钱了。

第三份工作是在内衣批发市场裁剪内衣。都是电裁剪，先把布叠好，一裁就是好几百条。这时候工资涨到每天 4 元钱，还管吃饭。

又过了些年，有了孩子，花钱的地方越来越多。我老公想喂奶牛，借了钱，买了两头奶牛。每天早上三四点起床，喂牛、挤奶，跑到电厂去卖。我在附近村里卖。

想起那段日子，可遭了很大的罪。一年 365 天，每天早上三四点钟就起床，喂牛、挤奶，把牛奶过滤一下装到 50 斤的大壶里，带到附近的村里去卖。卖到七八点钟才回来，也顾不上吃早饭，先把壶仔细地刷干净，把牛牵出来，让它晒太阳，再除牛粪，都干完了才能吃早饭。

这就快 10 点钟了。到中午又该喂牛、挤奶。反复循环，每天三次。早上饭半晌午，中午饭半下午，晚上饭半夜里。人不吃饭也得让牛吃，大年初一也不停。干了六年，没落下一分钱，就挣了一吃一喝。

十年前，我家喂的奶牛死了。一头奶牛买时两万多元，死了只卖了 1600 多元钱。我家的奶牛是产后瘫痪，还有另外三头奶牛是鼠药中毒，口吐白沫、抽搐，临死之前的叫唤声，刺得我心口疼，像刀割一样。

之后好长时间我都胸闷，心慌，心口疼。后来又有了眩晕症，也是心慌，恶心，胸闷。这眩晕一伴我就是十几年，都是紧张焦虑惹的祸。

卖了奶牛，我转行去卖保险。可能我有商业天赋，上岗第一个月业绩就特别好，卖了两万元，公司奖励我去海南双飞七日游。现在想起来，在保险公司那几年是我最快乐的时光，每天串串门，唠唠嗑，就把钱挣着了。

话虽说如此，钱还是辛辛苦苦挣的。每天到客户家，自己饿着肚子也得假装吃过饭，等给顾客详细介绍好保险条款，人家签了字，给了钱，我回到家就 11 点多了。肚子饿得“咕咕”叫，就着咸菜和馒头胡乱凑合一顿。

我老公也没闲着，这些年先是跟人合伙，然后买了货车跑运输。他也知道挣钱不容易，天天连班倒，一个人干两个人的活儿，干到夜里三四点，回来睡两三个小时就又去出车了。后来才雇了个夜班司机，干一晚上给他 200 元钱。

熬到现在，终于有了出头之日。2013 年给女儿看病回来，正好赶上村里卖房子。当时我们一共就 1 万元钱，先交了定金；后来又借了姐姐 1 万 5000 元，妹妹 3 万元，弟弟 1 万 5000 元，加上我的私房钱 1 万 5000 元，他又借了他家亲戚和朋友几万元，总共 13 万元，把全款交了。又省吃俭用挤出 7 万元，才完成装修。第二年又添置了家电、家具，总共两万多元，才高高兴兴入住。

做这些事的时候，我都病着，干下来可不容易。没抑郁之前，我是非常自信的，觉得自己特别聪明，天生我材必有用。和老公刚谈恋爱时，我对他说，我有个梦想。他问什么梦想？我答卖衣服。还给他写了一封信，大意是我有梦想，不甘心围着锅台转等。他就和他妈商量，同意我去卖衣服。这封信现在还保留着，搬了好几次家，都没舍得扔掉。

抑郁后我就变了，知道自己不过是个普通人，别争强好胜了，不要老想着山南海北去闯荡江湖，就该在家安分守己当家庭主妇。

没曾想，这家庭主妇也不是好当的。我做姑娘的时候怎么也没想到，结婚后我会遭遇家暴，而且还不是一次两次。为这事我离过婚，后来又复婚，再后来差一点儿又再离婚。夫妻间的事实在是扯不清。

噩梦家庭

我和老公是媒人介绍认识的，后来奉子成婚。

刚订婚他就对我家暴。那天我在卖衣服，我和一个顾客吵了两句，他就暴跳如雷。那么多人拦着，他踹我几脚，骂我“泼妇”，嫌我丢人。

当天下午我一个人漫无目的地在大街上走，一边走，一边哭，在公园坐了一下午。晚上我到大马路上寻死，数来往的车辆：单数，死；双数，活……一直数到22，回到租的房子里。

他对我忏悔，拿一个啤酒瓶往自己头上打。啤酒瓶碎了，我心疼了，原谅了他。这是噩梦的开始。

那时候我纠结，散了吧，已经和他在一起了，再找对象就是二婚；好下去吧，没结婚就这样打我，结婚后能有好日子过？

怀着女儿六个月，我结婚了。结婚后他第二次打我，是在他一个朋友的婚礼上。几个发小一块儿说话，说到陪送的嫁妆。我插了句嘴，说我陪送得不少，加起来有3000多元。就这一句话，又惹来一顿暴打。他骂：“你在这卖乖？丢人！”劈头盖脸打，谁都拦不住。

第二天我耳鸣，想上吊，刚拴好绳子，我妈来了。我麻利地下来开门。我妈问，大白天怎么上门？我说瞌睡。又问，你眼睛怎么红了？我说感冒了。

回想我爸妈，也是打了一辈子架。我爸打我妈，经常打。中午吃着饭，一句不合就摔碗。上初中时，不敢让同学来我家，我怕同学看见丢人。

我长大之后常想，我可不能找我爸那样的老公。和老公刚谈恋爱时，我把爸妈的事情讲给他听，他说得挺好，最看不起男人打女人了。感动得我呀，就未婚同居了。

可是心强命不强，找了个打人的老公。而且有了第一次，就会有第二次、第三次……打得我尾骨骨折，耳穿孔。并且耳穿孔不是一次，是三次，你相信吗？

记得结婚第三年，女儿两三岁时，他早上干活儿回来，想喝挂面汤。我说，有昨天晚上剩的鸡蛋糊涂，你热热喝了吧。他就逗女儿，说“让你妈吃屁”。女儿小，当然跟着说。我也开玩笑说，“让你爸吃屁”，女儿就说“爸爸吃屁”，你们猜他又说什么？

他就提着我妈的名字，说让我妈吃屁。我一下子嘴快，说让他爹、他爷吃屁。我是嘴快了，可他手更快，抬手就左右开弓，扇我耳光。我反应不过来，只有挨打的份儿。那会儿身上的痛根本不算事儿，内心的痛无法用语言来表达。

还有一次因为一句玩笑话，他又恼了，大打出手，把我推到地上使劲踹我。村民拦住他，说怎能这样打？要出人命的。

这次打得我尾骨骨折，我又想到了死。第二天我爸妈过来看到我眼睛肿着，问我又生气了？我怕爸妈不高兴，硬是没承认。这次眼睛有一大块血块，我妹气不过，非要我上医院检查。一查吓一跳，耳穿孔。医生让住院，做手术，从耳朵后面取了一块筋膜补到耳膜里。

出院直接回娘家。我婆婆派的说客轮流上场，娘家的门槛被踏破了。我不动心，说你们谁来都不管用，我不是和你们过日子的。

后来老公自己来了，说："再也不打你了，再打我就把手剁了。"说着就拿菜刀剁手，我妈赶紧拦住。我也心软了，心想要是和他离婚，他会破罐子破摔，天天喝酒，贷款的钱怎么还？就把他彻底毁了。

后来还是离婚了，但离婚没离开他家。为什么？我和妹妹要拉东西走，婆婆堵在门口不让拉。第二天我娘家门槛又被踏破了，大娘、婶子、奶奶、舅妈，轮流上，连哄再吓，反正不让我走。说带着女儿走到哪儿都不放心，后爹祸害女儿的多了；还有谁谁谁，又嫁了一家，还不如原来的，还挨打；说他气你，让他走，你和女儿在家，就派他去河北建筑工地打工。

他才去两个月，说吃不下工地上的饭，就回来了。那天村里有顾客打电话找我，说准备给孩子买3000元保险。我换上衣服准备走。这下坏了，他一看我穿的衣服就骂：谁让你穿这衣服出去的？

我穿的是刚时兴的黑色打底裤。他妈三天前刚因为我穿裙子和我吵过。我一听火就上来了，说，前两天你妈不让穿我裙子，这回你又不让穿裤子，现在都啥社会了？裙子也不让穿，裤子也不让穿，那我啥也不穿，光着？

他嫌我厉害。说："你多厉害，多厉害！"上来就把我打倒在地。邻居听见了赶紧过来拦，又给我妹妹打电话。妹妹来了，把我姐也叫来，打 120 要送我去医院。我趁他不注意，跑到屋里找到剧毒氯化钾，锁上房门。他反应特别快，拿菜刀一下把门撬开了，把药夺过去。姐姐和妹妹把我送到医院一检查，耳朵又穿孔了，还得再补一次。

这次我下了狠心，拍了照片，准备做鉴定，让他去坐牢。可到最后还是心太软，下不了狠心。出院后说什么也不回去了，在外面住了两年。

中间孩子有病，我婆婆又派说客劝我回去。承诺只要我肯回去，啥条件都答应我。我左思右想，就着台阶下来了，答应复婚。

复婚主要是为女儿。我是 2008 年离婚的，离婚后才发现小女儿是先天性心脏病。当时觉得天塌了，世界末日来了。怎么这么命苦？到诊所里买了安眠药，吃下去睡了一天一夜，又活了过来。

为了给孩子看病，2010 年 2 月我和老公复婚。雪上加霜的是，到了年底，老公出了车祸，醉酒驾驶，双腿粉碎性骨折。医生要做手术，让我签字。我大脑一片空白，一下子晕了。等我醒来，公公已经签字做了手术。

老公是醉酒驾驶，本该拘留七天，因为受伤免了。元月十六日，老板说：把工资结了，两万多元住院费付了，两清。因为咱理亏，就同意了。

到腊月初三，老公在家闹，非要他朋友用担架抬他到民政局离婚，说不愿拖累我。这哪能真离呢？闹了一阵子，又抬回家。

后来我也闹过一次离婚，那是为了不拖累他。

那是 2016 年 3 月，我躁狂的时候，用广发银行卡给我姐贷了 20 万元做生意。后来我姐被别人骗了，还不上。好像是买什么币，我不知道，也不想问。我姐想不开，要自杀，几次跑到马路上要撞车，吓得我安慰她，说，你也和我去吃药吧，你看我现在吃着药挺好的。她说，她这是心病，只要钱能要回来就好了。

我在她面前装作很坚强，其实也快崩溃了。这 20 万元不是小数目，我也好强，不想拖累老公，于是今年 4 月我们协议去办离婚。

到民政局一问，不给办，说老公是我的监护人，不能和我离婚，要么去法院起诉离婚；到了法院，人家说我们两个都来了，是自愿的，就不用起诉，直接到民政局办就可以了。这样又被踢回民政局，人家说除非我更改了监护人，才能给我们办离婚，而且想更改监护人，还得找好新监护人。反正怪麻烦。

我和老公回去的路上，一直不说话。后来他说，老婆，咱不离了行不行？咱这一辈子再也经不起折腾了，不就 20 万元吗，大不了把房子抵了，也不能让你去坐牢，行不？

我连连点头，答应了。自从上次复婚后他改变了很多，也知道心疼我了，也会做饭。特别是我确诊有病之后，越来越关心我，不嫌弃我。

与命运和解

其实老公也不是一无是处，要不然我也不会离婚再复婚。

我妈最后的日子里，2006 年 4 月，身上插着尿管，鼻子上有鼻饲，喉管也切开了，每隔一小时就得给她抽痰。我姐夫和妹夫都胆小，不敢上前，因为一抽我妈就会从床上突然坐起来，瞪着眼，吓人一跳。都是我老公伺候她，整整 20 天，不管白天黑夜，他一个人给我妈抽痰。

我这两年跑保险时认识了一个大姐，她劝我，我们两个是针尖对麦芒，谁也不让谁。好赖磨合了这么多年，脾气都摸得清清楚楚，再找一个还得从头磨合，不见得就不会挨打。都说夫妻还是原配好，最后考虑再三，才复婚。

其实我自己也有问题。患病 20 年，我的脾气非常暴躁、易怒，一点儿小事就火冒三丈，把我底火给钩出来。有时候老公对女儿说，你妈就是咱家的天气预报，只要她心情好，全家就是晴天。

我这脾气，最对不起的就是大女儿。她比较拗，爱跟我顶嘴，有时气得我会打她，打罢之后她哭我也哭。我也后悔，下次不打了，可只要一刺激我就控制不住，简直就比后妈还狠毒。我有时候也想，我根本不配当妈，都说母爱是伟大的，在我身上一点儿也没体现出来。

有时候也会想，难道我是遗传？我爸爸脾气就特别不好，在我的记忆里，一句不合就摔碗，打我妈。我想我的性格，包括后来生病，恐怕和这也有关系。

这么客观一想，我得病20年，经常哭闹，像个怨妇，老公也受了很多委屈。一看我哭他就更加着急，骂我的话更狠。我们两个互相折磨、互相伤害，都成恶性循环了。

所以我后来想，我也得改。没生病之前是想和老公离婚，病后我嘴上不说，其实内心非常害怕。想我怎么这么命苦，刚买了新房子，万一复发了，死了，老公再娶个女人，住着我的新房子，睡着我的床，打着我的女儿，亏不亏?

有一次，我又发病了，在床上整整躺了一个月。后来好了一点儿，我就不起床，看他管不管我。还好，他虽然不耐烦，但每天还是做好饭，给我端到床前。我心里这才多少找到点儿安慰。

我对婆婆的怨恨，后来也就淡开了。20年前有这么一件事，我一直记着：生完女儿第三天，我耳鸣，睡不着觉。医生说，可能前几天洗头，耳朵进水发炎了，输液消消炎吧。我婆婆心疼钱，就大声说："输，输，输，让医生别走，一直给你输!""砰"，一摔房门，走了。

我哭，我妈也哭。医生输也不是，不输也不是。气得我在心里骂她：你个死老太婆，等你老了到我手里，看我怎么收拾你。

可是到2004年，她确诊食道癌，我哭了，不敢让她知道自己是什么病。把她骗到医院，说是胃病，到做手术的前一天，实在瞒不住了，才告诉她。

她怎么样？白天一直不说话，到晚上没影了，赶忙找，最后发现她在厕所里哭。她说，真是没想到，平时不得病，一得就比别人一辈子花的钱还多！她不看了，明天就出院，别到最后看不好，还白花钱。

第二天非要出院，我和老公赶紧从河北把她亲妹妹叫来，开导她，安慰她，好说歹说才同意做手术。我在医院陪了她 20 天，同病房的人都以为我是她女儿。后来老公哥哥来替我，还难为情地问：还得给咱娘擦屁股？我又气又想笑，说：你不给她擦，她自己能擦？她满身都是管子，肋骨上缝了 28 针，哪能动？

2014 年 11 月，我发病最严重时，把得病前前后后的事都给婆婆说了一遍。我说，最早发病就是 20 年前产后，跟你有关系。你心疼钱，不让输液，摔门走了，丢下我和我妈一直哭。后来月子里我偷偷上吊，幸亏我妈来了，才躲过一劫。

她也哭，说：我早忘了，你这么多年还记得这么清？还跳了一回井？我一看她也哭，心又软了，赶紧安慰她，说你也别哭了，我知道你也是刀子嘴豆腐心。后来她就说，咱有病就按有病说，明天让他带着你去医院看病，不行就直接上新乡。

我们就这样打打闹闹、分分合合 20 年过去了。现在我们也算是够幸福了，也买了新楼房、两个女儿，也没多大压力，除了还那 20 万元贷款，也没别的烦心事儿了。

我们最幸福的时候就是冬天，开着电热毯，一家四口挤在一块儿追剧。他爱逗小女儿，小女儿就下狠手打他，他装作求饶，这才算没事儿，把我和大女儿逗得哈哈大笑。

小女儿接着说，我妈是咱家的皇后，我是小公主。大女儿接着说，我还是格格呢，随后就会笑成一团。大女儿又接着说，咱家老虎窝里来了一头小猪，都想吃它，可是咬不动，人家是金猪。因为我和老公、大女儿属虎，小女儿属猪。小女儿就得意扬扬的，非常高兴。

有时候会回想起我这大半生也够精彩的。烧伤过，出过车祸，上过吊，喝过药，跳过井，再加上老公打我耳穿孔住院和精神病住院总共住过九次。

所谓久病成医，现在我知道，治病就得吃药。复发这么多次，再不敢停药了，冒不起那个险。现在我的用药也稳定了，就是喹硫平晚一片，舍曲林早一片，丁罗环酮每日 3 片，欧来宁每次 2 片。偶尔有幻视，再加上丙戊酸钠每日 2 片。

正规吃药治疗后，我像变了一个人，脾气也好了，性格也没那么急了，凡事也有耐心了。就算女儿犯了错，丢了 60 元钱，校服扯坏了，没考上高中，我都不会发怒，心情非常平稳。心里还想，丢就丢了，没考上学就没考上吧，着急有什么用？也于事无补。真的是脱胎换骨变了一个人。

这 20 万元贷款的事，我也想通了。或许因为我有这病，法院不会判我坐牢？实在要坐牢就坐吧，精神病院都住过了，还怕坐牢？

总之我们现在都磨合得差不多了，谁也知道谁啥脾气。他生气了，我就少说两句；我生气了，他扭头就走，我想发火都找不到人，然后不了了之。

这么多年我琢磨出一个道理，就是夫妻之间不能打冷战，必须沟通。谁也不是谁肚子里的蛔虫，猜不出你想干什么，想说什么。出现问题，一定要打开天窗说亮话，把真实想法说出来。

现在我好像失忆了，对过去的种种家暴，都无泪可流了。好像在梦里过了20年。过去种种犹如昨日死，现在种种犹如今日生。

2017年9月28日下午，告别雨燕前，我提出，想到她家里去看看。

这让雨燕犯了难。她告诉我，她上次发了文章，家里不高兴。大女儿骂她："想出名想疯了！你不知道现在网络多厉害吗？"老公也说："你爱干吗干吗，别来烦我，反正我不接受采访！"

我表示理解。的确，病耻感在今天的社会普遍存在，雨燕自己能站出来，已经很了不起。我对雨燕说，我不去你家，就到村里走一圈，看看你从小长大的环境。雨燕说："走！"

还真的是走。雨燕的村子在安阳市西北郊，不通公交车，我决定走过去，顺便看一看环境。雨燕是骑了一辆摩托车来的，也就推着车陪我一起走。

这里是安阳的工业区，有一个大型电厂，空气污浊而刺鼻。大型水泥厂、运煤车轰隆隆驰过，烟尘满天。道路坑坑洼洼，还有积水。可怜雨燕，穿着高跟鞋，推着摩托车，踉踉跄跄跟着我走。我心里很过意不去。

走了近两个小时，终于到了雨燕的村子。雨燕又打电话，老公还是不同意见面。我很后悔，早知道不提出这个要求了。我能想象，到了家门口，她却不能领我进门坐坐喝杯茶，这滋味实在是不好受。

突然雨燕在前面很神秘地招招手，我赶紧跟着往前走。进了一个夹巷，她指着地面上一个黑洞洞的东西，说：这就是那年我跳的那口井。

我环顾左右。这是一口废井，井口被杂草掩盖。空气凝固不动，想象当年的喧嚣，犹如空谷足音。

天色渐暗，我说该回去了。雨燕送我到村口。那是一个高坡，坡下一条大河。雨燕告诉我，这是南水北调中线干渠安阳河段，外地人第一次来都会到这里看看。

站在河堤上，雨燕的村庄影影绰绰。此地东临平原，沃野坦荡；南望洹水，蜿蜒东流。鸡鸣牛哞声远远传来，一道道白色的炊烟从村庄各处升起，在黯淡的天际逐渐飘散了。我知道黑夜即将降临，劳作一天的人们正各自回家。对雨燕们来说，这是一天的结束，又将是新的一天的开始。

（本文自述部分为雨燕所作）

无惧病耻

2017年6月1日，在老家一座大山的寺庙旁，望着山脚下白雾缭绕的村庄，林夕对我说：“命运给我的舞台就这么大。如果我生在更好的家庭，有更大的空间，我还会……”言毕默然。

我明白她的意思。

我和林夕相识，缘于文字。2016年11月，我收到她的来稿，长达2万多字。我花了半个多小时把稿子读了一遍。要知道一般的来稿也就两三千字。

看完文章，我决定破例采用。一是因为真实，二是因为细腻，三是因为文章中流露出的叹惋和决绝。不对疾病有着切肤之痛，不可能写得这么真切。

文章结尾说：“现在的我每天吃七片药，躯体症状还没有完全消失，焦虑恐惧还不时袭来。可我已经不再害怕，不再有强烈的病耻感。我要带着症状活下去，即使与抑郁终身相伴，我都要坦然接纳自己的病，接纳不完美的自己。”

这一段话，得来不易。这是林夕半生的感悟。她的前半生，就是从不甘心到接纳的过程。

她从小好强，源于童年的苦痛经历。9 岁时，母亲去世，病因至今不明，据说是蛇盘疮。母亲留给她永远的印象就是歪在床上，一直歪到最后，浑身烂，烂到骨头架，痛苦死去。这是她一生的阴影。

奶奶拉扯她长大。她家里有父亲、哥哥、弟弟。农村的习俗是男人在外干活儿，女人在家做家务。妈妈有病，奶奶年迈，家里的女人只有她。从 7 岁起，她就开始伺候母亲，端饭、端尿盆。奶奶坐在炕上支使她做饭、做针线。

她有写作的天分，从小就写日记，打发痛苦和寂寞的时光。她记得她的第一篇“作品”，是 10 岁时写给叔叔的一封信，内容是：“二叔，快要过年了，奶奶向你要一袋面。”

家里太穷了。从小她就对自己说：快长大，快挣钱，离开这个家，远走高飞，再也不回来。

10 多年后，她实现了这个愿望。考上了大专，走出了深山，毕业后成为一名中学老师，端上国家铁饭碗，7 年后还当上了学校的主任。

然而，就在她逐渐攀登到自己人生高峰时，得了怪病，时为 2010 年——当时，没有人（包括她自己）知道她得的是抑郁症。

她所在的县城，是一座美丽的山地小城。四面环山，风景秀丽。但是这里的精神卫生服务水平不高，没有独立的精神专科医院。她的治疗走过很多弯路。

一是诊断。她以失眠起病，6 年后，才知道自己得的是抑郁症。诊断错误，自然不可能对症下药。

二是治疗。那时的林夕，以及她的家人，没有人听说过抑郁症，当然更不懂如何治疗。6 年间，她服药稍有好转就减药、停药，随后复发。反反复复，两度入院，痛不堪言。

三是社会的歧视。当初她住进精神病院，是别无选择。丈夫说："你想好了，出院后你要有足够的心理准备。"她说："只要能睡着觉，我才不管别人说什么呢。"

出院后，她才明白丈夫的忧虑无不道理。同事来看她，小心翼翼地说着话，好像有意回避着什么。有爱开玩笑的同事，还刺激她说："你可别爬上三楼往下跳，再犯病，我们还得拿两瓶罐头看你去。"甚至回到婆家，也听到家里人议论："她到了我们家，对她这么好，什么也不用她干，为啥还得这病？"

在这样的环境里，她会活成什么样子？ 2017 年 5 月 30 日，当坐上长途汽车踏上寻访之旅时，我想象着她。

在蜿蜒的山路中盘桓了 3 个小时，终于到了她所在的县城。此时已是中午，她和她丈夫在空旷的车站广场等着我。我终于见到了她：穿着艳丽的红色旗袍，面容清秀，眼神清澈，眉宇间淡定从容。我有些不敢相认。

“先去吃饭。”她抢过我的背包，说。

到了城边一个“农家乐”餐馆，一桌人在等我，她一一介绍，这是她的亲戚、朋友、同学、同事。她穿梭来往，应答机敏；神采飞扬，言笑晏晏。

我不禁疑惑：“这哪是病人呢？”

吃完饭，又去采摘。同去的有她的小妹，她的一位闺中密友；还有一位50多岁的女人，她们叫她“李老师”。

在樱桃园，她们如快乐的云雀，我则心神不定。回去的路上，我对她提意见：“我是来采访的，不是来吃和玩的。”

她笑笑说：“我这么安排是有用意的。我给你找的人，都是见证过我过去的人。李老师是我初中时的班主任，对我很好。小妹在我得病的时候，一有空就陪着我，开着车带我去兜风，想法儿让我开心。”

我问她：你是怎么让大家理解并接受的？

她的回答很简单：“我要过好自己的生活，好好地活着。如果我比一个正常人生活得还好，别人还能说什么呢？”

她对我讲述了她的家庭，以及她抑郁的经历。

贫苦的记忆

病苦贫穷，是童年留给我的记忆。

小时候，我很长一段时间住在一个简陋的茅草房子里。墙是石头砌的，房顶黑乎乎的，窗户是木头格子，上面糊着薄薄一层黄色的纸。冬天风大，一吹就破。夏天下雨时，屋外大雨，屋里小雨。用脸盆儿接着，还流得满屋子都是水。

家徒四壁，唯一值钱的家当，是一口红色的板柜。平时省吃俭用，到年底，还要向街坊四邻借粮。

母亲有病，长年躺在硬邦邦的土炕上，长满了褥疮。我七岁那年，家里实在没钱，母亲不治了，从医院回家，我开始侍奉陪伴母亲。疾病折磨着母亲，我看着她日渐消瘦，听着她夜以继日地呻吟，却无能为力。

这样的日子母亲怕是活够了，她寻死觅活，找卤水喝，央求我买老鼠药。我一不留神，她就会把绳子拴在门鼻子上。我整日提心吊胆，唯恐母亲寻了短见。

我眼睁睁看着母亲在痛苦中煎熬，渐渐走向生命的终点。在一个寒风凛冽的冬天，母亲终于如愿以偿地闭上了眼睛，结束了她 35 年缺衣少食、饱受折磨的生命旅程，安静地躺在一口薄薄的棺材里。

我戴着白孝，跟在棺材后面，没有一丝悲哀。一条弯曲狭窄的山路通向坟地，母亲的棺材放了进去。我看着一锹一锹的黄土，堆起一个黄土馒头，很快抹平了她在这个世界上的所有痕迹。

母亲去了，我与奶奶相依为命。她是一个素净的人。头发半黑半白，绾在脑后。三寸金莲，用青色的裹脚布裹着。她爱干净，也爱美，夏天花开的时候，她会折下一枝鲜花，戴在发髻上。

奶奶是对我影响最大的人，教我做家务和做人。“早起三光，晚起三荒”，是她常念叨的经。每天早晨，她第一个起来，督促我起床。冬天，炕上放一个火盆，火烧得旺旺的，她盘着两条腿做针线。每到端午节，她都绣荷包，给每个荷包打上好看的穗子，分给我们兄妹三个。端午节那天，嘱咐我们把荷包扔到河里，让河水把一年的霉运带走，保佑我们平安无事。

奶奶有个红木柜子，里面锁着好吃的东西，钥匙别在她的腰带上。对于我，这个柜子好像一个潘多拉宝盒子，充满了诱惑。夏天的杏、秋天的梨、冬天的柿子，亲戚送来的甜点和过年炒的栗子，都锁在柜子里。每次打开柜子，香气就会飘出来。

有一年春节，因为琐事，我和奶奶拌了嘴。我把栗子炒熟了，躺在炕上生闷气。奶奶叫我，我也不理。听他们边聊天边吃栗子，我在一旁委屈地暗暗掉泪。快开学的时候，奶奶打开柜子，取出一小袋栗子，叹息一声说：“你这丫头太犟了，说你两句，就生这么大的气，你吃不到过年的栗子，我心里不好受呀。拿着到学校吃吧。”我背过脸去，眼泪掉了下来。

一有空闲时间，我就照顾弟弟。母亲去世的时候，弟弟刚四岁，矮小瘦弱。他喜欢和比自己大的孩子玩，常常被调皮的大孩子打哭了回家。每次看他哇哇地哭，我也忍不住掉眼泪，恨自己不能保护他。

少年的我，焦急地盼望着长大，盼着自己能够撑起一个家：有一个属于自己的房子，过年能吃上肉，穿上新衣服。

走了很多弯路

我患抑郁症要追溯到2010年4月。那时，我和老公在同一所乡村学校工作。老公从教10年后，考上了公务员，去县城上班。我们开始了分居生活，只有周末才团聚，这种变化让我很不适应。

在学校，我的主要任务是写材料。表面上我文文弱弱，骨子里却倔强好强，敏感自卑。工作中出现一些矛盾，我就会陷入深深的纠结和苦恼中。

2010年4月，我在学校值完夜班回到家，疲惫不堪，上炕睡觉，可是怎么也睡不着。我清楚地记得，那天夜里我的耳朵异常灵敏，听见屋里闹钟的嘀嗒声，还有山上的鸟叫和清晨公鸡的鸣唱。这之后，我开始断断续续失眠，变得焦虑，心神不宁，爱哭，无缘无故掉眼泪。呼吸困难，连喝水都恶心，没有胃口，每天被强烈的饥饿感包围着。

我尝试过中医、按摩、针灸，都没有明显效果。神经科医生给我开了一种安眠类药物，开始吃一片，还能睡几个小时，很快就不管用了。家人和同事都对我说，安眠药会产生依赖，对大脑有损伤，人会慢慢变傻。我不敢加量了，失眠愈加恶化。

我开始恐惧夜晚，害怕睡觉。静静的夜，一个人在床上翻来覆去，躺下又坐起，不停地折腾。每当天色渐暗，我就像一个溺水的孩子，满心的担忧、焦虑和绝望。

一天夜里，无论怎么折腾，我就是睡不着。我爬起来，站在六楼的阳台上往下看。我想：要是跳下去，就会结束这种看不见摸不着、没有止境的痛苦，那该多好！我在阳台上徘徊着，思索着自杀的方式，比较着哪种方式比较体面，而且容易……

那些日子，我天天被焦虑和恐惧包围着，哭成了唯一能够发泄的方式。整个人面黄肌瘦、憔悴不堪。

就这样挣扎了将近两个月，我濒临崩溃的边缘。这时小姑说市里有一家医院，专治失眠，是一家精神病专科医院。小姑说完，用狐疑的眼光看着我。“管它是什么精神病院，命都快没了，还在乎什么名声。”我毫不犹豫决定去看一看。

这是2010年端午节的前一天，我和丈夫去看病，医生给我开了抗焦虑和抑郁的药。回家后我遵医嘱吃药，可是吃完药，嘴里火烧火燎地干渴，脑袋木木的，胸口闷闷的，像堵了什么东西，憋得出不来气。连续两天彻夜不眠后，我彻底崩溃了。

天刚亮，我让丈夫请假，陪我再次去医院。坐在车上，我的眼睛涩涩地难受，眯眼歇着。到医院向大夫反映吃药后的情况后，医生不相信地说：“抗焦虑、抑郁和安眠的药都给开上了，怎么会不管事呢？”

我问她能不能住院治疗？她说：“住院要住一个疗程，14天。”我想都没想，决定住院。丈夫说：“你好好想一想，出院后会有人说你的。”我说：“只要能让我睡着觉，我才不管别人说什么呢。”

这是一个破旧的老医院，厚厚的铁门把院子分成里外两部分。里面住的多是精神分裂症患者，或者是没有家属陪护的病人；外面是病情较轻的患者，必须有家属陪护。我住在外间一个病房里，照不进阳光，白天都要亮灯。狭小的屋子一共五张床，床单和被罩都很旧。

晚上，我服下几颗小药片，静静躺在床上。两个小腿一阵阵抽搐着疼，虽然迷迷糊糊的，仍翻来覆去折腾了很长时间。终于，药物发挥作用了，我老老实实睡了一夜。

睡着觉后，我心情慢慢好了起来。吃药最大的副作用是便秘，口干舌燥。可是只要能够睡着觉，这些副作用对我不算什么。

住院后不久，医生的诊断出来了，说我是一个敏感性格的人，对某些问题有意识地回避。具体是什么病，没给我下结论。

住院的日子是轻松的。我不再恐惧失眠后，情绪高涨起来。我开始做一些力所能及的事，和病友聊天。很多病友看我不像一个病人，很纳闷儿我为什么住院，我只含含糊糊说自己失眠。

14 天住院生活很快结束了。回到家第二天，有同事来看我，我第一次感觉气氛的异样。他们小心翼翼地说话，顾左右而言他，言辞闪烁，好像有意回避着什么。嘱咐我几句，就急匆匆地走了。

当时我还不知道什么是病耻感。躲着不上班也不是个事，我决定上班去。与同事闲聊时，我告诉他们我得了失眠症，住的是五院。我主动捅破了这层窗户纸，省得大家猜来猜去，背地里嚼舌头。

工作之余，每天上午我到学校附近寺庙的树荫下去看书，晚上去跳广场舞。我遵从医嘱，定期复查，主动向主治医生反馈信息。我不想让自己成为一个长期服药的病人，把断药当成治愈的尺子。在主治大夫的指导下，我慢慢减药，服用的药物越来越少。终于有一天晚上，我没有吃安眠药也能安然入睡。我高兴极了，走起路来都是轻盈的。早上起来觉得天是那么蓝，生活是这样美好，快乐了好长一段时间。

可惜好景不长。停药半年多后，2011 年春季，在没有任何事情刺激下，我突然又睡不着觉了。和以前一样，越想睡越睡不着，越睡不着越焦虑紧张。我极度恐慌，浑身无力，出虚汗，胸闷气短。实在挺不下去了，又来到五院，这个我曾经以为不会再来的地方。

我找到主治大夫，她用埋怨的口气对我说："你应该一睡不着觉，就把药吃上，春秋是这个病的高发期。"

按照医生开的剂量吃了一周后，我情绪好起来。但我依然为服药而焦虑，又试探着减药。2013 年，状态最好的时候，我断了几个月的药，再次复发。主治医生说，这个病如果屡次复发，会越犯越重，可能要终身服药。她把药加到最大剂量，我又开始了漫长的服药之旅。

2016 年 5 月，我睡眠改善，中午能睡着，夜里也还行，就是浑身乏力，情绪低落，没有力气，不想起床，觉得活着没意思。本来我是一个爱干净的人，一有空就拖地、洗衣服，现在什么都不想干。不想吃饭，每天吃点儿小米粥充饥。不想在微信群里聊天说话，到班上更是没精打采、疲惫不堪。

我自觉情况不妙，找出以前医生开的药方，按最大剂量吃药。我还看了中医，熬药吃。两个多月过去了，没有丝毫转变。

我开始上网查找，就在这时，看到了抑郁症相关信息。对比之下，我不得不承认：我得的是抑郁症，而不是失眠症——这么多年我弄错了因果关系：我是因为抑郁而失眠，不是因为失眠而抑郁。失眠只不过是抑郁的一种症状罢了。

整整六年，直到这次再次发作，我才确认自己得了抑郁症。

第二次住院

2016 年暑假，假期过了大半。我鼓起勇气给我的主治大夫打电话，说了病情。主治大夫建议我住院治疗调整。

再次来到医院，我一脸茫然地站在昏暗的过道里。虽然过了六年，这里没什么变化，依然是破旧狭窄的病房，发霉的床单和被罩，目光呆滞的病人，无可奈何的家属。对这个破旧的地方，我却心存感激，是这个地方收留了我，救了我的命。

第二次住院，我真真正正地领略了抑郁症的痛苦。医院确诊我为中度抑郁症，换掉了我以前的药，开了米氮平、舍曲林，早中晚都服用。

治了一段时间，本来已经有所好转，但抑郁症就是这样不可捉摸，一天我的病情又急转直下，由中度抑郁迅速转向焦虑。那天的日记是这样记录的：

外面的天沉沉的，下着瓢泼大雨，这是今年暑假最大的一场雨！我觉得心里火苗突突地冒，浑身燥热，汗流浃背，再也躺不住了，就坐起来。心跳得厉害，感觉整个人不受自己控制。我让丈夫给我捶打前胸和后背！汗不断地流，嘴里干渴得厉害，不停地喝水。胃里火烧火燎的！

从那天起，焦虑占了上风，中午我再也睡不着觉了。一到中午，就恐惧，觉得有电话铃声在响。每天下午是最难熬的，天气热，心如油煎，身上不断出汗，时不时心悸，感觉身体要爆炸。躯体焦虑和心底的绝望，让我感觉如同在地狱。这时我才理解为什么那么多抑郁症患者选择自杀。

我记得在医院有两次严重发作。一次是下午，正洗着衣服，突然觉得心跳加快，心好像要跳出来，手僵硬不听使唤，全身抖，整个人摇摇晃晃的。我赶紧让丈夫把衣服拿出去晒，自己到外面狂走一阵子，才缓过来。

还有一次是阴天，我和丈夫到附近一个小区溜达。丈夫和小区的人玩牌，我在一旁看着。汗不停地流，胸口闷闷的，呼吸非常困难。晚饭时，丈夫要了两碗面，我勉强坐下，脑袋突然一片空白，汗一股股流下来。我勉强吃了几口，逃也似的离开了饭店。站在马路边上等车，晃晃悠悠地险些摔倒。回到病房，我一下子瘫倒在床上。

那段日子，我心情绝望到极点。丈夫的同事到病房来看我，看着她穿着漂亮的裙子，我绝望地想，我再也穿不上漂亮的衣服了，我将永远过着暗无天日的日子。

接下来的十多天，我度日如年。在医院实在住不下去了，我决定回家休养。回到家，上午症状轻些；中午吃完饭，整个人陷入焦虑。焦虑好像是海，我的头好像淹在海水里，呼吸困难，胸间像有一团火球，灼热疼痛。

我不想一直在家待着，决定去上班，可心里很害怕。怎样面对同事异样的眼光？上班的头天晚上，我早早吃了药，很快睡着了。早晨走进校园，校长和几个同事都在操场上。我打起精神，鼓足勇气，尽量让自己放松，主动走过去和他们打招呼。

下午，焦虑又来了，我感觉手脚僵硬的，不听使唤。整个身体发紧，胸口燥热，好像有一口血要吐出来。我怕同事看到我狼狈的样子，就把门关上，一个人在办公室里走来走去。

上班意味着生活步入了正轨。一个闲隙，我想找校长谈谈。我鼓足勇气走进他的办公室，告诉他我得了抑郁症。他淡淡地说："身体是最重要的，不要多想，好好养病。"

他没提我住院的事，我怅然若失。也许我是怀着一颗让领导怜悯的心来的，可我错了。职场是残酷的，没有人会同情一个弱者和病人。当我走出校长的办公室时，我茫然无措，像小孩子一样无助。

只能靠自己

万般无奈，只能自己救自己。听人说锻炼身体可以治抑郁症，我咬牙走上了这条路。

好在这时我工作不忙，锻炼身体有充足的时间。每天下了班，我换上运动服，去附近的山上转。身体很虚弱，很久没有爬山了，爬起来很吃力。我咬着牙一步一步向山顶走，汗水顺着脖子往下流。下山的时候，两腿发软，像是踩在棉花地上，飘飘悠悠的，有点儿眩晕。好容易到了家，身子像是散了架，脑袋空空的。

但出完汗以后，身体那种胀满气、胸口堵的情况略有缓和。从那以后，每天下班，我都会去爬山。坚持了一些日子，身体不再飘忽了，汗也不像以前出得那么多。中午老觉得手机响的毛病也减轻了，不知不觉能睡一会儿。

在抑郁发作的这段时间里，我头发长了很多，添了很多白发。药物的副作用，再加上这么长时间的折腾，我脸色暗黄，头发凌乱，整个人憔悴不堪。

丈夫一向不注重外貌，这时也看不过去了，多次催我去理发店做头发，我一直不敢去。做头发需要很长时间，我能坐得住吗？一天下午，我终于下定决心去理发。从 1 点多一直到天黑，坐了整整 4 个多小时，还好，挺住了！真是不容易！回到家，我感觉自己被掏空了一般，胸口热热的。

一个同学打电话来，再三要求一起聚聚，我无奈答应了。到了那天，我早早做好准备，等待的时候，又开始冒汗，手哆嗦，心里发紧，老想去厕所。进了饭店，我心神不宁，坐立不安，拿筷子的手直哆嗦，跟同学打了招呼就提前离开了。走出饭店，我如释重负。

那段时间，我和丈夫激烈争吵了一次。一天下午，丈夫在客厅里玩手机，我百无聊赖，走过去勾着他的头，说我很难受。丈夫粗暴地推开我，一脸不耐烦，冷冷地说：“可逮着一个礼拜天放松放松，你又烦着我。你有病，总黏着我，我不能好好上班，领导对我冷嘲热讽，我没有自己的生活空间，没有朋友。这样下去我都快抑郁了。”

听着他的抱怨，我的眼泪夺眶而出，立刻收拾东西要离开家。丈夫堵在门口不让我走，我赌气到另一个卧室待着。他进来向我道歉，我的眼泪又流了下来。冷静下来，我也很心疼他。陪着一个抑郁症的妻子，走过这么多年，何尝不是另一种煎熬。

对林夕的采访，也是关于抑郁症治疗的探讨和交流。久病成医确实不假，现在的她，已熟知很多精神医学知识。她的关于抑郁症药物防治、康复的经验，都是她从自己的痛苦中总结而来。

她最可贵的心得是打消病耻感。她认为，抑郁症虽然痛苦，但并非绝症。只要无惧病耻，面对现实，及时治疗，坚持到底，就一定能治好。

在病中，她了解到很多患者避讳精神疾病，不敢去精神病院看病。“这就是病耻感。有病就医是天经地义的事，去掉病耻感，勇敢走进精神科医院，你的病就有希望了。”

我非常赞同她的观点。但我知道，去除病耻感，不只是患者自己的事情，病耻感更多来自社会的歧视，要去除病耻感，需要全社会共同努力。

那么患者能够做什么？林夕现身说法：不向命运低头，不自暴自弃，用行动来证明自己活得不比任何人差，这样就没有人能轻视你。

“我不需要怜悯，我要昂起头，骄傲地活着。”她说。

在办公室，林夕打开她的电脑，给我看一个文件夹，其中密密麻麻全是她写的文章。她说：“写作帮了我很多，给了我力量。这一两年，我逐渐想明白，我得抑郁症主要还是缘于我内心的冲突。写作可以通达我的内心，让我平静下来。”

听了她的话，我既惊又喜。我一直有一个观点：写作是心灵秩序的重建，是清理自我、和自我对话的手段，相当于自己做自己的心理医生。无师自通，林夕用自己的实践，证明了写作的疗愈作用。

回京后，林夕把她的文字整理出来发给我。总共十几万字，都没有正式发表过。我大体浏览一遍，大多是写自己的故乡、童年、亲人、朋友。文笔细腻而质朴；当然，也不够圆熟。

我对她说：“如果你是一个名人，这些文字雕琢一下就可以发表了。”

她说：“我不在意是否发表，这是我写给自己看的。写作把我从人生的谷底拉出来，让我战胜了病耻感。”

于是我请她谈一谈和写作的因缘。

文字为我打开一扇窗

我人生有两次失败，分别是中考和高考落榜。

小时候家里太穷了，我从小就梦想从这个家跳出去，永远不回来。要实现这个梦想，唯一的手段就是考上中师，换个粮食本，端上国家的铁饭碗。

可是谈何容易！在我们这个偏僻闭塞的小山村，多少年才考上一个中师。我学习成绩平平，中考成绩揭晓，毫无悬念地落榜了。

7 月的夏夜，我一个人躺在河边的青石板上，仰望星空，听着潺潺流水，内心无限惆怅。我将永远生活在这贫穷的大山里吗？我把苦闷和彷徨寄托在笔尖上，任心事从字里行间恣意流淌。记日记成了我的习惯，帮我摆脱痛苦，这大概是写作对我最早的安慰吧。

三年后，高考来临，我又一次落榜。失败再次击垮了我，我不甘心，拼死抗争之下，家里人同意我复读一年。

本来这是一个改变命运的机会，要命的是，我竟然在最不恰当的时候遇到了一个让我心动的男孩。课余时间，和几个男生打乒乓球，我注意到一个男孩，个子不高，沉默寡言，但笑容很灿烂。看到他，我就很高兴；他不来，就莫名其妙地失落。他是这个村的人，很调皮，爱打架，学习成绩优秀。我骨子里喜欢调皮、反叛、聪明的人，因为我乖顺、普通、孤单。

后来这个男孩主动接近我。他讲他小时候淘气的事，我总是一脸崇拜地看着他。我们来往越来越多，好景不长，我是复读生，家里穷，要努力考公费；他年龄比我小，聪明，家里条件好，能考一个好大学。一天晚上，他找到我，犹犹豫豫地说："你很好，是我不配，我们分手吧！"说罢就走了。我待在那里，不知道该如何是好。很长一段时间里，我的心好像被人摘了去，空空荡荡的，常常无缘无故掉泪。老师讲课也听不进去，仿佛变了一个人。

高考的时候，天阴沉沉的，电闪雷鸣，下着瓢泼大雨。我看着试卷，脑子里一片空白，平时很简单的数学题，一个也不会。我知道这次又考砸了。

回到家里，我心如死灰，每天被内疚和自责纠缠着。我对不起父亲，父亲在那样艰苦的条件下，供我上学和复读；我更恨自己，鬼迷心窍；我更怨恨男孩，在高考前弃我而去。我沉浸在悲伤里，不能自拔，只能把忧伤和绝望写进日记里。文字像一个朋友，包容我，接纳我，抚平我心上一道道伤痕，给了我活下去的勇气。

大学没读成，最后我不得不上了石家庄一个师范专科学校。两年后毕业，分配到老家一所乡村中学。在那里，我经受了人生最大的打击——得了抑郁症。

现在回忆，抑郁可以追溯到1999年。我怀揣一颗骄傲的心走进新单位，被安排到一个阴面办公室。对于这间办公室，我耿耿于怀。它夏天闷热，冬天奇冷，阳光照不进来。在这样阴气重、不见天日的办公室里办公，我非常压抑。

那时，我的工作是写材料，在学校里很边缘。我怎么努力也融不进老师群体，却经常和领导打交道，整天小心翼翼，唯恐出错。几年后，机缘巧合，我当上中层干部，这下压力更大了。我做事还行，但处理人际关系的能力差。面对矛盾冲突，我死磕，不圆融，整个人变得越来越紧张。

有段时间，我负责学校教师的考勤。这是个得罪人的活儿。有一个老教师，出了名的难缠，校长都怵他几分。有一次上午他签到，把下午的也给签上了。我责问他，他恼羞成怒，撒泼耍浑，我被气得说不出来话。有几个老师幸灾乐祸看热闹，领导躲在屋里不出来。我十分委屈，忍不住哭了起来，情绪低落了很长时间。

积郁成疾，2010 年 4 月，我得了抑郁症，陷入深深的恐惧中。我觉得同事们在背后指指点点，嘲笑我、议论我。我感到绝望，写日记成了我唯一的精神寄托。我记录下抑郁症的症状、治疗过程、心理变化，亲人的陪伴和朋友的爱。渐渐地，我平静下来。

生活为我关上一扇门，文字为我打开一扇窗。每次心有所动，我就会端坐在电脑前，用手指敲打着键盘，让文字变成一个故事、一段感悟。写作已如吃饭睡觉一样自然，融入我的生活。我沉浸在写作中，忘记时间，忘掉烦恼，忘记自己是一个抑郁症患者。

最值得我欣慰的是，我用文字打开了通向儿子精神世界的大门。我曾经给儿子写过一封 6000 字的长信，坦诚与儿子交流，最终我们母子心意相通。

1997年农历六月十九，儿子降生了。但我没有初为人母的喜悦，听着他的啼哭声，我心烦意乱，暗想："为生你我差点儿丧了命。"我吃不下，睡不好，常常无缘无故掉眼泪。现在想想，当时应该算是轻微的产后抑郁。

小时候我没有得到过母亲的爱，当了母亲，也不会爱孩子。儿子刚学会走路那阵，我带他出去玩。路很远，我走在前面，他跟在后面。也许是累了，儿子拽着我的衣服，要我抱。我挣脱他的手，不耐烦地说："自己走！"他瞪着眼睛，满脸委屈，抽噎起来。我更加心烦，自顾自地走在前面，儿子边哭边在后面跟着。回到家，看到儿子满脸泪痕，婆婆心疼不已。

儿子长得很快，不知不觉间由一个懵懂幼童变成高高瘦瘦的少年。我得病时，他正在青春期，又赶上升学的压力。我住进医院，丈夫陪床，只有爷爷陪他。他不知道我得了什么病，很少给我打电话，即使打了，也不知道说什么，每次说两句，就是长长的沉默。

因为我的病，丈夫对儿子少了耐心，常常几句话不合就动怒。儿子一副天不怕地不怕的样子。我满心愧疚，有一次请他吃肯德基，想和他好好说说话。我们两个相对而坐，不知道该说什么。看着他突出的喉结、不开心的脸，我眼睛一热，眼泪滚落下来。

我知道不能这样持续下去，怎么办？最后想到和儿子文字沟通。我给儿子写了封长信，边写边哭。儿子看完信后，什么也没有说，但以后的日子，他的心一点点打开，脸上的笑容逐渐多起来。我揪着的心落了地。如今他已是一个成熟的、阳光的大男孩，在南方一个城市读大学。

到了 2016 年 11 月，我把这些年散乱的文字整理成篇。通过梳理与自我对话，我发现抑郁症也没那么可怕，自己也不是最倒霉的人。我从怨恨和恐惧中走出来，接纳疾病，与命运握手言和。

2016 年 8 月，我第二次出院。从那时到现在，是我状态最好的一段时间。我正常工作、生活，与同学聚会，外出游玩，写文章，锻炼身体。我常常骄傲地想，我是一名抑郁症患者，我更要好好活着给别人看，要比那些没病的人活得还要好。我受的苦、遭的罪，最后都要变成光，照亮我短暂的人生。

每个周末，丈夫都带我到附近的水库玩儿。一天，经过一条水泥路，道路两旁是挺拔的杨树。当时正是秋季，叶子已经黄了，秋日暖阳洒在高高的树顶上；树的左边是水库，右边是小山，一切是那么祥和而安宁。一种活着很美的感觉涌上心头，这是一种久违的感觉。这么多年，我一直觉得活着了无生趣，在抑郁反复的痛苦中，我差点儿走上了不归路。

采访林夕的第三天，她邀集几个同学，和我同游她家附近的一段野长城。

这段长城位于县城西南 30 公里的崇山峻岭中。此地高山对拱，地势险要。明洪武年间，徐达于此设关，建城堡。万历三年（1575年），戚继光曾率兵由此出关阻击来犯之敌。

同游的几位都是她的初中同学。有闺密，也有的多年未见，是她病后联络上的。前些年，她忙于单位烦琐的事务，情绪起起落落。不期而遇的疾病，让她停下脚步，重新审视自己与家人、友人、邻人的关系。她加入同学群，成了活跃分子，安排给有病的同学捐款，组织同学聚会。这些同学在她最困难的时候，陪伴她度过艰难岁月。

她还记得，一位朋友送给她一个花瓶，插了三朵盛开的鲜花，对她说："每天看着鲜花，你的心情就会好起来。"她知道没那么容易，但她理解朋友的爱心，是希望她在荒芜的心园里，播下花的种子；等春天来了，就会开出美丽的花。

这是正午时分，烈日当头，山间别无游人。好在凉风习习，不觉得燥热。一队人沿着古城墙鱼贯攀行，完完全全地被大山淹没了。

攀上山顶的烽火台，万里河山尽收眼底。她对我说："人到了40岁，要随着自己的心意生活。觉得怎么舒服，就怎么活。闲时出去看看山水，此时的山是山，水是水。山你可以看得很远，水你可以看得很清。"

熬出了一片新天地

到现在，我得抑郁症断断续续已经有七年的时间。如果我自己不说，没有人能够看得出来我曾经是一个抑郁症患者。

这七年，除了两次住院，我一直坚持上班。那时我的症状明显，心慌气短，手拿笔哆嗦。但我坚持了下来。能够工作是一种能力，也是一种幸福。回归社会，恢复社会功能，是抑郁症患者康复最重要的标志。

和同学在一起是我最快乐的时光，尤其是和初中的同学，我们相伴走过 30 多年。现在我们经常在一起聚餐，出外游玩。登高望远，踏青赏花。山坡的阳面开满杏花、桃花，娇艳明媚；阴面的野杜鹃紫色如烟，淑静娴雅。红瓦白墙的农家影影绰绰，青砖砌就的古长城，巍峨壮观。人是大自然的孩子，在母亲的怀抱，所有的焦虑和不开心，都如云一样飘散。

我学会了用电脑制作美篇。每次聚会、旅游回来，我都做成美篇记录下来。短短一年时间，我做了 159 个美篇，总访问量 1.5 万次。同学们也特别喜欢，愿意招呼我一起玩。

有一位朋友，她的老家很偏僻，到现在还没有通车。一次家里杀猪，邀我去她家吃猪肉。深山里的空气很新鲜，清浅的小溪里，小鱼自由自在地游来游去；山上不知名的野花，自顾自芬芳。她家则是一片忙碌景象。东边大锅里冒着腾腾热气，热情好客的老妈妈在捞金黄的小米饭；西边的大锅香气扑鼻，红烧肉冒着清亮的油。外面还支着一口锅，在煮血肠。亲朋好友在一起说说笑笑。回家后我做了一个美篇，发给她和家人朋友看。他们都夸奖我写得好。

我学会了爱自己。曾经我是一个懒女人，整天素面朝天。随着年龄的增长，成了一个彻彻底底的黄脸婆。病情好转后，我买来化妆品，对着镜子画眉、涂口红。我逛街买自己喜欢的衣服，用心琢磨衣服的搭配，适当地穿着打扮。我的面貌焕然一新，精气神大增，好像换了一个人。

我还学会了爱他人。我加入了一个“正能量群”，担任副群主。这是一个给孤寡老人送温暖的公益微信群，每月一次捐款和慰问活动。我到孤寡老人家，和他们聊天。我把每月一期的活动做成美篇，发到朋友圈里去，带动朋友加入传递爱的队伍中。

我在两个“渡过”读者群当群主。每当抑友有困难寻求帮助时，我竭尽全力帮助他们。一位患者和我职业相同，是教师，吃了很多药也不管用。我帮她判断情况，建议她正规治疗。她最终勇敢地走进精神专科医院，得到了专业的治疗。一个月后出院，恢复了正常的生活。

战胜病耻，正规治疗，写作疗愈，自渡渡人，可以概括为我的治愈经验。我现在还在服药，但药物的副作用基本消失。躯体症状不那么明显，内心的焦虑、恐惧和紧张在减少，社会功能也在渐渐恢复。

凡事有利有弊。抑郁的原因多种多样，抑郁本身也是一笔财富。很多人经受住抑郁的考验，翻开了命运新篇章。人生的路坎坷起落，有时看似山穷水尽，实则就要峰回路转。留得青山在，不怕没柴烧。再怎么难都要咬紧牙关挺着，说不定熬着熬着，就熬出了一片新天地。

在和我的谈话中，林夕多次提到，在她工作的学校附近的山上，有一座寺庙。难受的时候，她会一个人去寺庙，在寺庙外的一棵古树下看书。

乡校、寺庙、古树，激发了我很多想象。采访的最后一天，我提出：带我去看看那座寺庙吧。

寺庙掩映于深山之中，山上是郁郁葱葱的松树。它离林夕工作的学校还有一段距离，去那儿要穿过一片荒芜的原野。屈指一算，她在这里工作了 14 年。14 年间，日出黄昏，她不知道多少次爬过这座山。她说："我最喜欢在冬天爬这座山。寒风萧瑟，行人寂寂，暮鼓晨钟，梵音袅袅。山鸟隐于林，黄土裸于野。冬天的山，坦诚、真实、沉稳、包容！"

我能听出她的潜台词。十几年职业生涯的拼搏是艰难的。而这座山，对于心性敏感的她，无疑是一种抚慰。爬山对她不仅是锻炼身体，更为她愈合了许多人生的伤口。

"病的时候，我的心很灰暗，常常望着山沮丧地想，我的人生彻底完了，我再也不能爬山了。后来病好了点儿，我下决心继续爬。在大山的怀抱，我是一个孩子。"走向寺庙的时候，她对我说。

山上寂静而清亮，荒野无人，万籁俱寂。

山风呜呜地从耳边刮过。脸很冷，脚下很温暖。

（本文自述部分为林夕所作）

第二次成长

2017 年 8 月 18 日晚，我乘坐飞机抵达景德镇机场。奕菏已经在机场出口等我。她穿一件素净的连衣裙，还是那么小巧，扎着头发，圆圆的脸，神情沉静。“你胖了。”我说。

奕菏笑了。

这是我和奕菏第二次见面。第一次是两年前，一个严冬的下午，北京尚善基金会邀我做一个抑郁症科普讲座。讲毕，很多听众围拢过来提问，其中就有奕菏。她给我讲述丈夫的情况，我以为她是替丈夫咨询，打断了问：“他本人来了吗？”

我立刻知道我问错了。话音刚落，她眼圈红了，声音哽咽起来：“他已经不在了。”

她告诉我，丈夫患抑郁症，半年前在她眼前坠楼。至今她还没有从中挣扎出来，陷于深深的痛苦、自责中。

我看着她，穿一件银灰色羽绒大衣，形容憔悴，表情凝重。我问："我能帮你什么？"

她回答："我想知道，他为什么会这样？是我做错了什么、还是他太无情？我为什么没有察觉，没能挽回？大半年了，这些疑问无时无刻不在折磨我。"

这么复杂的问题，我一时无从回答。我把微信留给她，说以后慢慢讨论。

奕菏是看到尚善基金会的通知，专门来京听讲座的，当晚就踏上了归途。回家后，她不时和我联系，渐渐熟悉起来。她告诉我，她一直早醒，总是情绪低落，内疚自责。我觉得这已经算抑郁情绪了，嘱咐她一定要好好自我调整，千万不要发展到抑郁症。

2016 年 2 月，我正式开办"渡过"公众号，想约患者写稿，分享自己的感受。就问她，是否愿意把她的经历、想法写一写？或许对其他人有用。

她答：愿意，但从来没有发表过文章，怕写不好。我鼓励她：没事，你只要把你的经历、想法记下来就行。怎么想就怎么写，完全不用考虑是在写文章。

几天后，打开邮箱，她的文章跳了出来。我们来回修改了几次，之后在公众号上发表。我给她发了个红包以示感谢，她谢绝了。她说，"这次写作，我对自己像外科手术一样的剖析""这对我来说是一次心灵的梳理和情绪的释放，我更深刻地了解了我自己”“只能放下过去，面对未来”。

又过了几天，她发来一段话：“张进老师，我还是不能放下自责，怎么办？”

我回答：“世界上因果关系无限。有的是一因多果，有的是一果多因，有的是多因多果。我们永远无法对自己的某一行为负无限责任，但求心安。”

此后，我们的联系愈加密切。我知道她在用各种方式自我调整，还特别注重儿子的心理健康；我衷心盼望她和儿子能够早日走出阴影，重建正常的生活。

转眼两年过去了，他的儿子也上了大学。2017年夏天，她得知我的写书计划，邀我暑假到她家看看她儿子；我也正想把她列入本书主角，于是就有了这第二次会面。

出了机场，才知道她居然是自己开车来的。从市区到机场几十公里，又是晚上，路况复杂，这对她确实不容易。我坐在副驾驶的位置上，看她中规中矩开车的样子，由衷赞叹：“你真了不起！”

她笑了：“了不起的是你，敢坐我的车。”

说说笑笑到了家。此前她早已带着儿子，给我收拾出一间屋。一进房间，我一眼看到书橱里放着一张大照片，是她和丈夫的合影。她告诉我，平常这照片她是收着的，因为我来，特意摆放出来。

我和她一起凝视着这张照片。那是某年，她和丈夫在荷兰阿姆斯特丹照的。背景是一望无际的湖泊、蔚蓝的天空、旋转的风车。她和丈夫构成鲜明的对比，她丈夫严肃、沉郁；她则开心地笑着，眼神清澈，脸上散发着光泽，像一个无邪少女。

“你那时看上去很幸福，很满足。”我说。

“是啊，那时我无忧无虑，在他面前就像一个小女孩。家里小事我管，大事都是他张罗。他一走，感觉天都塌了。”

面对着这张照片，她的思绪回到了过去。

一切就像是一场噩梦

两年前那个春末夏初，我知道他的病又犯了。他垂着头，皱着眉，两手紧握，身体紧张地绷着。看得出来，他心情很沉重。

当时我没有太当回事儿。我想，15 年了，不是都过去了吗？干吗总揪着不放呢？——我那时不知道，这都是病态。

15 年前，刚刚 30 岁出头的他，在工作上已经崭露头角。他出身寒门，没有任何背景，一路都靠自己打拼。公司总经理欣赏他的才气和踏实，选他做秘书。他格外努力，几乎每天都工作到深更半夜才悄悄回家。

孩子 1 岁那年，他得了急性甲肝，病好后变得非常悲观，总说自己病没好，还疑虑自己得了重病。现在看来，这个状况就是抑郁，可是家里人谁也不懂，只是轮番劝说开导。

为了消除他的疑虑，他弟弟带他去杭州大医院做了各种检查，结果都是正常。但仍然说服不了他，只好带着他回乡下老家休养。老母亲看儿子这样受煎熬，急得捶胸顿足，哭着说宁愿替儿子去死，可又能有什么用呢？

那时我在单位上班，也是魂不守舍，经常一个人独坐发呆。等到孩子 1 岁半了，不需要我寸步不离，我陪他去上海看病。专家问了问他的情况，开了一种药叫百忧解；然后安慰我们说，只要好好吃药，很快可以治好。整个过程大概半个小时。

这个结果大大超出了我的想象，原来心理问题可以用药来解决！我放了心。可是从上海回到家，吃饭时他仍然单独拿副碗筷。我很生气，这意味着他还是怀疑自己是有病的。我苦口婆心劝说，他不辩驳，仍然我行我素。有一次，他又拿出自己的碗筷，我一气之下，把碗狠狠地摔在地上喊道："从今天起，你不要再想着你是有病的，你没有病，你的病已经好了！"

他不说什么，默默地又拿了一副碗筷。我很无奈，只好由着他。这个习惯他一直保持到最后。我后来知道，抑郁症患者的个性特质，就是自觉、自律、严谨，大概他就是这样。

往后一段时间，他一边吃百忧解，一边坚持上班。药还是见效的，他渐渐有所好转，又能拼命工作了。

就这么过了十多年，我习惯了他沉稳、严谨、寡言的样子，我想这就是他的性格。直到两年前再次发病，才觉得情况有些严重。

这次，他的反应能力和决断能力明显下降，一个很简单的报告，一整天不能动笔签字。表情和行动也越来越僵硬和麻木。而且，他什么也不说，所有的痛苦都闷在自己心里。有一天下班回来，我看见他的眼神是灰色的。突然间，我有一种看见死神的恐怖感。只是这种感觉一闪而过，当时并没有多想。

尽管如此，我并不太悲观。因为有过 15 年前的经历，我知道心理问题是可以治的。所以又去本地医院给他拿了百忧解，盯着他吃药，期待病情慢慢好转。

这样的状态持续了一个多月，他的病情越发严重了。我劝他在家休息，又动员他去上海看病。他没有反对，我以为他会像上次一样跟我去的。一切都联系妥了，临到出发时刻，他突然摇着头说不去。无论怎么拉他、拽他，就是不肯走，只艰难地说了一句："去了，就回不来了！"我又气又急，崩溃得大哭起来……

没有办法，只好随他。我只能寄希望随着时间的流逝，他慢慢好起来。

直到那一天，我看见他在阳台上狠狠地吸烟；我走到他身边，想再劝劝他；他突然爬上了阳台；那一瞬间，我傻了！没有任何防备的我，像疯了一样去拉他，可是他去意已决……

接下来的日子，我都在浑浑噩噩之中。自责与内疚像钩子一样紧紧钩住我，欲哭无泪。一切都像是场噩梦，我拼命想逃离，却不知身在何处，又能逃向哪里？

为什么我没有意识到他会有极端的想法？为什么不坚决带他去医院，只是我替他去开药？是不是在拉不动他去上海的时候，我不该失控地大哭？是不是当时应该找单位的同事强行把他带去？是我不了解他吗？是我跟他沟通得少吗？要不然他为什么就这样放弃我？他一定对我很失望，是吗？

听到奕菏这一连串发问，我心生悲戚。我完全能够想象，突然遭此巨变的奕菏，当时的震惊、麻木、内疚和追悔。那是常人难以承受的折磨，是痛彻心扉的。

等她平静下来，我问："现在这些问题，你有答案了吗？"

她答："说不清，即使有，我也不能确定哪些是对的，哪些是错的。"

我说："那我来给你做一个完整的解释吧。"

我告诉她，她丈夫这十几年一直都在病中。他第一次发病，治疗是见效的，但因为过早停药，治疗不彻底，依然有残留症状，病情多次反复。他是坚强的，也许是怕家人担心，也许是出于病耻感，他没有说出来，一直自己扛。他这些年沉默寡言，心事重重，固然有个性因素，有工作忙、压力大等环境原因，但更多是抑郁症慢性迁延的表现。

我说，在你看来，他走出那一步，非常突然，其实你不知道他内心经历过什么样的挣扎。那时谁都不懂抑郁症知识，甚至连他本人也不明白是怎么回事儿，甚至会自我怀疑，把病痛归咎于自己的性格、品质。他看不到希望，茫然、无助，最终失去信心，放弃了自己。这样的悲剧不止你一家，所以一定要在全社会普及精神健康知识，去除精神疾病的病耻感。这样无论谁得了病，都能得到及时的帮助，不至于酿成悲剧。

"这不单是他的责任，也不是你的责任，是全社会的责任。"我说。

“听你这么说，我心里明白了许多。”她说。

“你再告诉我，事情发生后，你是怎么扛过最初阶段的？怎么调整到现在这个样子的？”

她继续讲了下去。

承受巨大的打击

心太痛了，在淌血。我把心用厚厚的水泥封上，却感觉血水还在殷殷渗出。万家灯火的夜晚，泪水常在不知不觉间滑落。我问自己，为什么还要忍受这无边无际的痛？沉默了许久，又对自己说：“除了承受还能有更好的办法吗？”

疲惫到极点，终于迷糊一会儿。梦里他来了，穿得整整齐齐，说话轻声细语，一如既往的温柔。他笑着对我说，这次回来就再也不走了，留下来陪我。我骤然惊醒，去摸身边，却是空荡荡的冰凉……

彻底的失败感吞没了我。我想这一切结果，都是为了狠狠地嘲笑我，笑我的愚蠢和无知，笑我的迟钝和麻木。

白发苍苍的父母一下子老了许多。妈妈不放心我，让我和儿子回家吃饭。儿子吃完饭，去学校上晚自习；妈妈知道我难过，和我说起她的磨难。

妈妈说，她的妈妈在她两岁时就去世了。妈妈对姥姥的所有记忆，都来自长辈们的述说，以及所剩无几的遗物。迄今为止，她最怕听见小孩子哭。那哭声会让她联想起自己的妈妈，止不住伤心。

经历过大悲大痛的妈妈安慰我说：“孩子，你数数人这一辈子，有几个没受过苦？人活着就不容易，活着就得想着下一步该干些什么。”我愧疚地说：“妈，你说过，你最放心的是我，可没有想到，现在最让你牵挂的反而是我。”

妈妈安慰我：“你当时想方设法开导他，给他求医问药，你已经尽力了，尽力了就不后悔。再想想，现在儿子已经大了，如果儿子还小，他若是突然这样了，那你该有多苦啊！好在他坚持了那么多年，把孩子养大了。”

他的离去，更给他家带来巨大打击。他姐姐最疼爱这个被视为家族骄傲的弟弟，往年春节，我们都要去姐姐家拜年，热腾腾的饭菜伴着欢声笑语，仿佛还在昨日。如今姐姐憔悴不堪，我们俩怆然相对。“姐，对不起，我没有照顾好他……”姐拉着我的手，凄然地：“心里难过的时候，你就恨恨他，你还得为孩子着想啊！”我终于控制不住内心的悲伤：“我不恨他，我不能恨他，他还有很多愿望没能实现！至少我还活着，我恨我自己，我恨我没能帮到他！”

灾难发生的时候，儿子正读高三，还有一个来月就要高考。所有人都担心儿子承受不了，学校老师尤为关照。当时儿子休学了几天，返校前，班主任特意跟同学们打了招呼，要大家不要追问这事，课间多陪儿子聊天，还把儿子的邻桌换成了阳光开朗的孩子。

班主任特意找我谈了半个下午，鼓励我要坚强，尽可能调整好情绪，给孩子一个强有力的支撑。我说：“老师，你们放心吧，孩子在学校你们多费费心，他在家，我一定不会影响他情绪，好好陪着他度过高考！”

其实儿子比我想象的坚强。有时候孩子跟我一起回姥姥家吃饭，我一个短短的愣神，都逃不过他的眼睛。他会来安慰我：“妈妈你别多想，我刚刚上课那几天，做题的时候脑子都是乱的，我努力控制自己不去想。”

“是吗？我想了吗？”我只好承认。不过是短短的一瞬，怎么就被他发现了？我努力地挤出一丝笑，点点头：“好，妈妈不去想了。”我常常想，如果没有孩子，我会不会情况更糟糕？

这个时候，我失眠、低落、吃不下饭，人瘦了一圈。回忆起自己高中时，也出现过类似情况，现在想来，那也是一次短暂的抑郁经历。

我出生在知识分子家庭，这样的家庭对孩子的期望值会更高一些。没有在父母身边长大的我，从小就缺乏安全感。上学时好强、努力，但是患得患失，成绩不理想就会狠狠责备自己。那时我给自己设定了美好的目标，觉得不这样生活就失去了意义，所以很焦虑。高一下半学期，竟然失眠了。记得寒冷的冬天，常常挨到半夜 3 点多钟，全无困意，躺在床上辗转反侧，急得直哭。

记得有一天，我坐在教室里，精神无法集中，一种从未有过的空虚感向我袭来。我突然觉得人生是没有意义的。人终归是要死去的，如此辛苦努力有什么意思？了无生趣和心灰意懒占据了我的身心，刹那间精神支撑倾塌了。各种各样奇奇怪怪的想法在脑海里涌现，整天魂不守舍。

那时我还不知道抑郁这个词，结合今天的情况看，我属于多愁善感、追求完美的类型。过去的经历和现在的状况告诉我：如果长时间处于这样的消极情绪中，我离抑郁就不远了。

为了自己，为了孩子，我必须自我拯救。

自我拯救

鉴于丈夫第一次就医的经验和教训，我知道要摆脱抑郁，首先要积极求医。孩子高考过后，我应南京一位好友之邀，带孩子去她那玩，同时去南京脑科医院做心理咨询。

南京脑科医院比起我们小城市的医院要正规很多。一楼大厅很宽敞，站满了排队挂号的患者和家属。人们从容且平静，仿佛这是生活中的一部分。突然间候诊的楼梯口传来叫骂声，一个50多岁的男人，双眼圆睁，满脸通红，脖子上青筋暴起，嘴上念念有词，不依不饶，好像在跟谁讲道理。跟他同来的几个人只是望着他，并不跟他理论。很显然是家属带着他来看病的。这么多亲人陪着他，我感觉他还算是幸运的。

终于轮到我就诊了。面对医生，我泪如雨下，述说着我的自责和内疚。这位上了年纪的专家劝慰我："这件事情不能怪你，你不是专职医生，即使是，也未必能看透病人的想法。今后每年特定的时间，你都会像今天一样难受，这是正常的……"然后问了问我的睡眠，给我开了些药；得知我带了儿子同来，提醒我说，儿子可能也需要疏导一下。

我谢过他，出来跟儿子商量。儿子一开始说没有什么可看的。我说，既然千里迢迢来了，就让医生看看吧，如果没有问题就都放心了。儿子答应了，下午挂了另一位医生的号。医生问了孩子几个问题，觉得大体正常，只是嘱咐孩子今后要自强自立，多关注心理健康。

在奥体中心地铁站里，儿子突然发现一张海报，上面写着“林肯公园”即将在南京举办大型个人演唱会。他兴奋不已，说想多待几天，看完演唱会再回。我和闺密都很高兴，让他和闺密的儿子结伴同去。演出结束后，闺密笑着跟我学：“我家儿子说，小哥哥真是好嗨哟，从头到尾大声跟着唱，把嗓子都唱哑了。”

从南京回来后，儿子被一所985大学录取了。很多朋友说，如果不是经历这样的变故，孩子可能会考得更好！我说，不要这么说，孩子爸爸心里会难过的。这个世界上本来就没有如果！

最温暖的守护

孩子上大学去了，留下我一个人在家。

一个人的午后是清冷的。静谧的阳光洒在窗外，没有了昔日的热烈和多情，而今深邃默默不语；空中流淌着钢琴音符，悠远、细碎，仿佛来自遥远的天际，述说着幽寂和哀怨……

我把自己囚禁在厚重的书堆里，不敢抬头看、不能细细听，仿佛只有这样，才能给灵魂找一个暂时的安歇地。

我苦苦挣扎着寻找答案。一个偶然机会，我结缘北京尚善公益基金会。它们举办的讲座吸引了我，尽管北京很远，我还是两次专程去参加它们的活动，由此结识了对我心灵成长有着重要疗愈作用的刘小民阿姨。

那天的活动是听抑郁症防治主题报告。在互动交流环节，一位女士站起来发言。她的声音洪亮而亲切，讲述井井有条。我回头观望，见她身板挺直，穿着件深色呢子大衣，烫过的鬈发一丝不乱，白皙的脸庞优雅端庄。我被她吸引了。

活动结束后是晚餐交流会，这位女士在和一个小伙子谈着什么，我好奇地走过去听听。小伙子很帅气，在一家建筑单位搞设计，因为工作压力大，为抑郁所困。他说，他正吃着药，最近打算要小孩，很想把药停了，看看能不能不依赖药物。这位女士劝他说，最好找权威的专家给看看，不能擅自停药。我插进去问小伙子："你最严重的时候是什么情况？"他坦率地说："有一两次我站在楼顶上，想跳下去。"我嘘唏不已，这样一位阳光、率真的大男孩竟经历过如此的折磨！

小伙子离开后，我和阿姨交谈起来。我主动介绍了自己的情况，她和善的眼神里透出深深的关怀和疼爱，幽幽地说："我的女儿也是抑郁症去世的，走了快三年了。"

我感到无比的震惊！这样一位优雅从容的阿姨，竟然和我一样经受过如此残酷的打击！我一下子不知如何安慰，她反到安慰起我来："你要学着慢慢坚强起来，照顾好自己和父母，孩子也需要你！"

独在异乡，带着伤痛、故作平静的我，听到来自同样痛苦心灵的安慰，委屈的眼泪像决堤的洪水，不争气地汹涌而出……

回家后，一开始我不大敢主动联系她，怕勾起她的伤心往事。忽然一天，刘阿姨打来电话，询问我和孩子的近况。我没想到饱受痛苦的阿姨还惦记着我和孩子！跨越千山万水，从此阿姨成了我心中最温暖、最安全的守护……

慢慢地，刘阿姨跟我说起她女儿的成长经历和抑郁经历、女儿的不幸以及她自己的自救经历。

阿姨的女儿从小就是个好强、优秀的女孩。她本科毕业于美国科罗拉多大学，后又考取旧金山国际整体研究学院人类学专业的硕博连读，最终还是选择回国，追逐儿时的梦想：当外语播音主持人。她说她要用甜美的声音带动大家的想象，把美传递给听众。

后来，她又到美国密苏里新闻学院做访问学者。半年后回国，没来得及倒时差，就投入国家重要会议的外语直播工作。那时的她已经抑郁了，睡眠严重不足，精神疲惫不堪。妈妈陪她去精神专科医院去看病，她吃着药，坚持高强度工作了十几天，硬撑着完成了台里交给的直播工作。

休假中，她对妈妈说，由于精力不济，她对自己的工作表现很不满意。刘阿姨知道女儿是力求完美的孩子，察觉到她的焦虑和懊恼，宽慰她，让她安心休息。没想到，就在休息的第二天早晨，天刚刚蒙蒙亮，悲剧还是发生了……

生性刚强的刘阿姨每每想起女儿，依然难抑悲伤。她常跟我说，如果早点把女儿送去住院就好了。有很长一段时间，她不敢看女儿的照片，甚至不敢提起女儿的名字。她曾跑遍京城的天主教堂和耶稣教堂，想从宗教信仰里找到失去的女儿，终不能如愿。唯一让她安慰的是，女儿在天堂里得到安宁和永生，不会再受苦了。

又有一天，我接到了刘阿姨的电话。这次，她是去内蒙古参加失独父母沙漠植树造林活动。她从沙漠给我打来电话，呼呼的风声伴着熟悉而响亮的声音："今天我们来了 40 多人，面对沙漠，我感到人类非常渺小，每个人的痛苦都显得微不足道。我们相互陪伴着在这里植树，忘却了心中的烦恼……"

阿姨像随时可以停靠的避风港湾，每当我心里难过，她的声音就会翻山越岭来到我身边。她感受我心灵的痛苦，陪着我掉眼泪。我常想，她的女儿如果在天堂看着我们，一定会祝福我们，并且希望我能替她多安慰安慰自己的母亲，给母亲一个长情且温暖的陪伴。

从刘阿姨的讲述中，我知道她的女儿跟我丈夫有很相似的性格。他们好强、善良、有担当、追求完美，他们都曾经是家人的骄傲，现在却是亲人心中永远抹不去的痛！

重新回归生活

转眼春节又要到了，我和孩子像往年一样回婆婆家过年。

丈夫出事以来，大家都瞒着婆婆，没有告知实情。老人家已是高龄，如果知道最疼爱的儿子先她而去，是不能承受的。

上个年夜，一大家子还在一起热热闹闹地祭祖、吃年夜饭。这个年夜，却揣着各自的悲伤，默默相对无语。我心上的悲怆更是无以言表，家里到处是他的影子：他弯着腰，很享受地嗅嗅我刚出锅的饭菜，再过来很陶醉的样子嗅嗅我的脸；他把手揣在裤兜里，腰板笔直、身姿矫健地从隔壁叔叔家问安回来；他跺着拜年回来沾满泥巴的鞋子，惬意地哼着小曲；他领着我到姑姑家，一边陪着姑姑抽着烟，一边跟老人家聊天；他躺在床上翻看一本厚厚的书，然后沉沉睡去……往事历历在目，人却无影无踪。

我忍着痛苦，强作欢颜。像往年一样，张罗了两桌饭菜，把他哥姐都叫来，为的是不让老人家寂寞。桌上只少了他一人，我们装作若无其事边吃边聊，只在相互对望的一瞬间，眼睛里满是彼此才能看懂的悲凉。好几次泪水漫上心头，我安慰自己："你还能替他尽孝，他一定会高兴的，你这样做他才能放心，别难过了啊。"

寂寞的午夜传来新年的鞭炮声，我想起儿子一岁那年，也是此时此刻，他曾经紧紧握着我的手，很认真地说："让我们恩恩爱爱，白头到老，永不分离……"我动情地说："永远、永远！"怎奈世事无常，当年海誓山盟的两个人，如今只剩我一个！

伤心无处投放，思念无处诉说，就把它倾诉在字里行间。那时我关注了"渡过"公众号，也尝试着给公众号写稿。每天一大早醒来，第一件事就是打开"渡过"公众号。这里是一块陌生而又广袤的土地；土地上的人们，演绎着或悲或喜的人生，揭示着神秘莫测的内心世界。我像一个不懂事的孩童，懵懂地闯进这个世界，渐渐在这片土地上感悟，开始了我的第二次成长。

家里发生了这么大的事，熟悉我的同事和朋友给我很多宽慰，可是也难免有流言蜚语。我不去听，不去理会；相反，我更加坚定地做真实的自我。我坚信我和我爱人是善良的、有责任感的、以诚待人的，所以我不惧别人的眼光。

我重新回到生活中。一如既往地专注于我的工作，忽然发现有那么一刻，我会完完全全忘记了伤痛。我想幸亏我只有一个脑袋，一个时间只能想着一件事，痛苦才不会是我的全部。回到集体中间的我，也时常被同事们的快乐所吸引，慢慢加入他们的行列中，脸上开始有了笑容。

可是人前的欢笑并不代表忘记了悲伤。记得我曾和丈夫说起，我看过一部抗日纪录片，感叹牺牲的抗日将领们的妻子，如何给他们收尸，如何带着一家老小艰难度日，如何坚强地走完一生。那时说起“坚强”，只是一种肤浅的感慨；而今才知“坚强”实在是没有选择的选择、没有办法的办法，其中的心痛和无奈又有谁能知晓?

拭干眼泪，我打开床前的台灯开始阅读。灯光微黄，托出暖暖的光。我喜欢看杨绛先生笔下的悲喜人生。这里有爱、有温馨，有相聚时的喜悦，也有离别的悲伤。阅读就像随时跟名家对话，我进入他们的精神世界，忘记了自身的痛苦，从他们那里获得继续活下去的力量和勇气。

采访第三天，是瑶里之行。

瑶里在景德镇以东不远的浮梁县，古名“窑里”。远在唐代中叶，这里就有生产陶瓷的手工作坊。后来景德镇官窑兴盛，瑶里制瓷业逐步衰退，“窑里”不知何时变成了“瑶里”。奕菏告诉我，在当地人的说法中，“瑶”有两层含义：一是美玉，寓意这里曾烧制出洁白如玉的瓷器；二是比喻这里风景如画，像瑶池仙境。

因为知道我喜欢摄影，奕菏计划带我到瑶里转转。她预先请了闺密开车，可是当天闺密临时有事，她一咬牙，决定自己开车带我去——她刚刚学会开车，还没开过这么远的路呢。

近年来，瑶里已经被开辟为风景区，游人很多。不过，吸引我的是这里浓厚的生活气息。瑶里古镇依江而立，瑶河缓缓从镇中心流过。数百幢明清古居沿瑶河两岸隔江而望，一字排列。镇上至今保持着古朴的风貌，有古街巷、古店铺、古码头。两人宽的窄巷中，许多门户前挂着红灯笼。孩子们在瑶河里光着身子嬉戏，小身躯上滚落的水滴在阳光下闪闪发亮；红衣女子提着木桶从河边浣衣归来；不时有小狗从巷中蹿出。

这里还是20世纪70年代电影《闪闪的红星》的外景地之一，剧中潘冬子“小小竹排江中游”的镜头就是在这里拍摄的。

一路上，我随时招呼停车拍照，奕菏忙不迭刹车、启动、换挡。我这才注意到，奕菏开的车居然是手动挡。我夸奖她“迎难而上”；她告诉我，这辆车是丈夫留下的，她现在不想换新的，只能逼自己学。

“反正要学的东西很多，都从头学起吧。”她说。

“这也是自我调整的一部分吧？调整不只是回到过去，更可贵的是成长，新的成长。”我说。

就这个话题，我们一路游览，一路谈下去。

学习是最好的调整

之前的我，生活可谓一帆风顺。我很满足，觉得没有非学不可的东西，够用了。当我遭遇人生危机，才发现自己的浅薄。他自律、严谨、缄于表达，我对他的状态缺乏足够的预见和警惕，对于抑郁症的了解只停留在粗浅阶段。

突如其来的灾难让我意识到，要绕开生活的暗礁，就必须不断学习；学习是最好的调整，也是最安全的守护。

一年之后，又是春天，原本对开车很恐惧的我，在朋友们的鼓励下，终于下决心上路练车。驾照几年前就拿到了，可是一直不愿开。如今没了依靠，一切都得自己来。

一个春光明媚的下午，我独自到一处寂静空旷的地方练车。春天的阳光静静照耀着崇山峻岭，远处青山着黛，近处郁郁葱葱，一切是那般娴静和美好。我忽然想起他曾经跟我说，等他退休了带着我开车去旅行。青山还在，阳光依旧，却没有了他的踪迹。他再也不能享受世间这般美好、兑现许下的诺言。一种锥心之痛围拢过来，我泪如雨下。

想要忘记他，却总是恋恋不舍。我对自己说，生活终究是美好的，不要辜负了这一切，要加倍珍惜才对。你还得撑起这片天，让父母、让孩子心里不再暗自忧伤，让他们的心间永远能感受到这片阳光！

过了这个坎儿，现在每开车到一个很美的地方，我总在心里对自己说："啊，多么美啊，幸好我能来！"

我睡眠一直不好，每天早早就醒了。身体也在发紧，于是我想起了体育锻炼。

夜幕降临，田径场静悄悄的，我独自一人在田径场上一圈一圈地奔跑。冬日的寒气迎面扑来，只听见自己急促的喘息声。跑道旁高高矗立的路灯陪伴着我。月亮快要升起，朦胧的天边闪烁着明亮的星星。我抬头望向它们，那星星多像他的眼睛，他是不是也在遥远的天边凝望着我、思念着我？

他还在牵挂我吗？他会想着安慰我吗？他过得好吗？刹那间眼泪像断了线的珠子汩汩而出。昏暗中，我一边奔跑着，一边擦着眼泪。我不敢让自己停下来，对自己说："再难，你都要坚持住，一步一步，你会看到越来越强大的自己。"

一次一次胸口痛得几乎要窒息，黯然伤心处，我对自己说："你还有能力去体验生命中的美丽，你应该感谢生活对你的眷顾。它并没有拿走你的全部，它教你学会了珍惜。"

每当软弱的时候，我会想起儿子。儿子很小的时候，我牵着他绵软的小手走在大街上。他是那种蛮乖的孩子，远远望见美式快餐店，他举着太阳花般的小脸望着我："妈妈，我想去吃肯德基。”见我犹豫，他回过头望望快餐店，又转过脸望着我，仔细观察我的表情变化。这期待的眼神，再狠心的妈妈都会心软。

多少年过去了，我脑海里一直刻着儿子那充满期待的眼神。孩子成长的路上，虽然已经没有了小时候那样的依恋，可他内心里依然有多少期待？他期待被理解，期待被接纳，期待一个鼓励的眼神，期待一个会心的微笑……而如今，他期待妈妈给他保留一个叫作“家”的地方，期待妈妈能让他感觉到安全和快乐，期待能和妈妈聚在一张桌上吃着热腾腾的饭菜，期待妈妈能多给他一点儿宽慰和指导……

孩子一直是我心中最柔软的地方。我经历过远离父母的伤痛，所以再累也把孩子带在身边。看着他玩耍，陪他看动画片，听他讲他喜欢的“阿波猫”和“小豆豆”……

孩子上学后，我有过很多困惑。他成绩不理想，我认为是他不够努力，想用激将法督促他，这反而让他越来越逆反。有时候我数落他这不对、那不是，他会反感地闭上眼睛。我后来终于明白：孩子成长道路上遇到困惑和挫折时，需要家长的理解和鼓励。于是我试着用书信的方式与他交流：

“……孩子，长这么大你开心吗？你觉得妈妈对你，像你期待的那样吗？你一直在努力，当你累的时候，妈妈懂你吗？妈妈有一点儿吹毛求疵是不是？有点儿吝啬对你的表扬，却总是习惯将眼睛盯在你的不足对吗？……”

“……因为妈妈更在乎谁比你强、你哪里没有做到更好，妈妈好像并不认为你的想法有多么重要。所以，你选择将自己的内心层层包裹，悄悄地为自己没有像妈妈所希望的那样好而自卑，同时也会不自觉地流露出内心的不满和愤怒……”

“孩子，请相信你是这个世界上独一无二的。你独特的所思、所感、所想一定有其根据，是值得被理解、被尊重、被重视的，这就是自尊的需要。所以，你一定要尊重你的思想，并大胆地与挚爱你的人坦露。这是尊重你自己，也是对别人最好的尊重……”

孩子紧张学习之余，喜欢听音乐，看看情景喜剧，打打游戏。我知道，一个人面对压力时，有一种缓解压力的方式是多么重要。我坦然接受他的状态，他所能达到的高度一定是最适合他的，绝不能强求。

如今，我成了孩子唯一的依靠。所以，我不能放弃，只为那双期待的眼神……

说到儿子，奕菏和天下的母亲一样，爱而不舍。在她眼里，儿子还和小时候一样——尽管他已经长成一米八几的大个儿了。她总不放心，才会请我专门在暑假过来，和儿子谈谈话。

我觉得奕菏的担心是多余的。三天的相处中，奕菏的儿子和我多有接触，他是一个质朴、善良又懂事的男孩。在我眼中，他完全是一个大人。我曾毫无避讳地和他谈起家庭的变故，谈起妈妈对他的担心。他只淡淡地回了一句：“我比妈妈想象的要坚强得多。”

三天的采访结束了，奕菏开车送我去机场。时间尚早，我说，带我到你平常生活的地方兜一圈吧。

奕菏工作和生活在一个大型国企社区，是一个小社会，各种设施一应俱全。一路上，奕菏触景生情，不断对我做讲解，好几个地方凝聚着她和丈夫的共同回忆。不过，这时的她，已经不再悲戚。

后来，经过一个大型体育馆，奕菏把车停下，指给我看：这个体育馆，是她丈夫参与建设的最后项目，工程刚刚立项，人就去了……

沉默了一会儿，奕菏重新发动车。她说："过去一到这里，我就伤心，绕着走。现在我不会逃避了，我会经常到这里来活动。他走了，我更要珍惜和享受这里的美好。"

回到北京之后，我又接到奕菏的一封信。就以这封信作为本文的结尾吧：

冬至就要到了，我给永远离去的丈夫写了一封信，让它捎去我的问候，也带走我的悲伤。

亲爱的，你还好吗？

自从你走了之后，我时常思念你。我想忘记你，却又舍不得你。你知道这么长时间以来，我的内心受尽煎熬。我多么想回到从前，让我们再来一次。如果再来，我想我一定会经常逗你开心，一定会让你敞开心扉；如果再来，我一定是你身边最忠实的守护，我一定做你最贤的妻、最好的友！

你带着未能实现的愿望走了。这里还有我，有我替你去实现你未完的心愿，替你尽你该尽的责任。我把你放在我心中最温柔的角落，用你曾经给我的爱继续传递着爱……

从今天起，我要跟你道个别，我要渐渐去除对你的依赖，从此开始自己的生活了。

你母亲和我父母年纪都大了，他们越来越像个孩子要依靠我；孩子越来越出息了，他需要我的安慰，我自己也再一次长大了，不再是那个在你面前无忧无虑的小女孩。

我会把自己照顾好，把咱们的家打理好。我会用笑声装点今后的生活，那是对于生活的诠释和挚爱……

再见了，你永远在我的心里！

（本文自述部分为奕荷所作）

后 记

致意曾经努力的你

（一）

和《渡过 1：抑郁症治愈笔记》《渡过 2：接纳是最好的治愈》不同，我希望本书的读者，不光是患者群体，更包括社会公众。

或问：这本写抑郁症患者的书，对公众有什么用呢？

我认为用处有二：

其一，理解抑郁症。

抑郁症正在成为全球第二大病症，它不仅是一个医学问题，更成为一个不可回避的社会问题。在理解的前提下，去除抑郁症病耻感，为患者营造一个友善的疗愈环境，人人有责。

其二，预防抑郁症。

近年来，在世界范围内，抑郁症发病率都在提升，抑郁症并不遥远。未雨绸缪，关注自己的精神健康，绝非多此一举。

以上两点，涉及对精神疾病的理解。

我有这样一些观点：

任何精神疾病，无论是抑郁症、焦虑症、恐惧症，还是精神分裂症、双相情感障碍，都是生物、心理、社会三方面失衡的结果，是在漫长的时间长河里逐渐形成的。

在人类的精神世界领域，病与非病、正常与不正常，没有明确的分界线。精神疾病的发作和痊愈，是一个淡入淡出的渐进过程，好比光谱的演变。

谁都不能说自己绝对与精神疾患无缘。现代精神医学只能让疾病患者暂时摆脱临床症状，而精神世界的完善和修复，是每个人毕生的功课。

（二）

基于上述两点，我认为本书的 12 个故事，因其代表性，都是有价值的。

抑郁症确实是一个顽症，但任何一种疾病，本身就包含治愈的力量。尤其抑郁症，作为一种精神疾病，治疗的本质是自救。自救的前提是直面生活；而直面生活的要义是行动，是知与行的合一。

本书 12 个故事，涉及抑郁症防治的方方面面。12 位主人公都有自己的经验，如果要找出一个共同点，那就是面对困境，永不言弃，积极行动。

每个人的禀赋不同，拥有的资源不同，选择的行动方式也不一样。在这里，我想特别强调一下写作的疗愈作用。

本书中的主角如今都已先后成为“渡过”公众号的作者。他们起点有高低，能力有大小，但对待生活，都是脚踏实地、积极热忱的，无论是主动还是被动。

行动是他们生存之必需，也是写作的源泉；写作则是他们对劳动和生存的记录——正是在这个意义上，写作，助力了疾病的自我治愈。

当然，这是一条漫长的道路，每个人都还在路上。中国有9000万以上抑郁症患者，他们中很多人，至今仍然在黑暗中前行，祈盼着黑暗尽头的一线光明。

正是从这个意义上，我认为这本书，以及我正在从事的工作，是有价值的。

是为后记。

2018年2月8日

图书在版编目（CIP）数据

渡过3：治愈的力量 / 张进著. -- 北京：中国工人出版社，2022.4
ISBN 978-7-5008-7825-4

Ⅰ.①渡… Ⅱ.①张… Ⅲ.①情绪—自我控制 Ⅳ.①B842.6

中国版本图书馆CIP数据核字（2022）第040415号

渡过3：治愈的力量

出 版 人　董　宽
责任编辑　李　骁　宋　杨　杨博惠
责任印制　黄　丽
出版发行　中国工人出版社
地　　址　北京市东城区鼓楼外大街45号　邮编：100120
网　　址　http://www.wp-china.com
电　　话　（010）62005043（总编室）
　　　　　（010）62005039（印制管理中心）
　　　　　（010）62379038（社科文艺分社）
发行热线　（010）82029051　62383056
经　　销　各地书店
印　　刷　北京市密东印刷有限公司
开　　本　880毫米×1230毫米　1/32
印　　张　11.125
字　　数　210千字
版　　次　2022年6月第1版　2024年10月第4次印刷
定　　价　49.80元